機《き》関《かん》車《しゃ》、驀《ばく》進《しん》

国鉄、JR東日本、
秩父鉄道、東武鉄道…
SL一途60年

田村 力
TAMURA TSUTOMU

LYCHEE BOOKS

はじめに

私が蒸気機関車の助士として乗務し始めたのは昭和37年（1962）、20歳の時のことだ。その頃の国鉄では幹線を中心に動力近代化が急速に進められており、蒸気機関車が段階的に淘汰されていた。石炭を使用する蒸気機関車は燃料効率が極めて悪く、運転や整備にも多くの人手と技術を必要とする。国鉄は昭和30年代の段階で、15年以内の蒸気機関車全廃を打ち出していたのだった。

私はそんな時代に蒸気機関車の助士となった。約3ヵ月に及ぶ機関助士科の研修、特に3人1組で行った「模型投炭訓練実習」は厳しかった。9600形の模型の火室に乙種の片手ショベルを使って一回に約1キログラムの石炭をすくい取り、7分20秒以内に200杯を投炭する。この投炭訓練の繰り返しで、右手の甲は驚くほど膨れあがり、手の平も真っ赤に腫れて痛みだす始末で、メモを取ることも昼食の箸も持てない有り様だった。

しかし、辛いとは思わなかった。痛みもまた、投炭技術が確実に身についていると思うと、むしろ楽しかった。その後、機関助士として高崎操車場の入換《いれかえ》機関車や八高線の貨物列車に乗務した。そして昭和41年（1966）、24歳の時に機関士科に合格した。

翌年1月、仙台市の東北鉄道学園「第三十六回機関士科」に入所する。機関士科の研修期間は5ヵ月。この間の2月、機関士科の合格を一番喜んでくれた父・豊一が亡くなった。夜行列車で葬儀に駆け付け、学園に帰寮後徹夜で勉強し翌日の機関士に必要な一級ボイラー技士試験に挑み、合格する。いつの日か、機関士席から手を振る私と、田んぼの畔で父と手を振り合う時が来ることを想像していたが叶わず残念でならなかった。

機関士として乗務するようになったのは26歳。この頃、高崎地区の蒸気機関車は八高線の貨物と高崎操車場の入換機のみが残り、DL（ディーゼル機関車）化の話が進んでいた。私はDLの部署に行かず電車運転士へ転換、27歳で電車運転士となり特急「あさま号」などにも乗務した。新前橋電車区、高崎派出所勤務となった頃、国鉄が分割民営化されることが決定した。民営化後には国鉄の資格では機関車の運転ができなくなるとの方針も示され、運輸省（現・国土交通省）が発行する「動力車運転操縦免許証」を取得しなければならなくなった。

私は仲間と共に京都の梅小路機関区や山口県の小郡運転区に出張し蒸気機関車の乗務実習を行い、乗務実績をつくり蒸気車の運転操縦免許証を取得することができた。この頃、「88さいたま博覧会」でSLを復活運転させるという噂が聞こえてきた。

昭和62年（1987）4月、JR東日本に採用され、高崎電車区の主任運転士となった。埼玉博覧会でのSL復活運転も実現し、昭和63年（1988）3月、「さいたま博」開催とともに熊谷～三峰口間で「SLパレオエクスプレス号」の運転が始まった。私は平成2年（1990）

3月から埼玉県北部観光振興財団に出向し、この復活運転にも携わった。

この列車の人気は高く、停車駅では乗客が機関車の周囲に集まり対応に追われた。出向から戻ると、私は指導担当となった。JR東日本ではD51形498号機が復活し、私は復活試運転や「SL炎立つ号《ほむらたつごう》」「SL会津冬紀行号」など各種イベント列車の運転を担当しながら、SL機関士の後継者育成にも取り組んだ。

平成7年(1995)3月には、中央研修センターの教師となり、電車運転士科やSL機関士科の学科講習を担当した。電車運転士科には毎回300名位が入所するので、10クラスに分けて学科講習を行った。だが、SL機関士科の入所者は少なく4名ということもあったので、細かい部分まで指導することができた。

平成9年(1997)1月、高崎電車区に指導助役として戻った。その後、株式会社ジェイアール高崎商事に出向、飲料水「大清水」などの販売促進に取り組んだ。だが、秩父鉄道の「SLパレオエクスプレス号」が機関士不足により運転継続が困難になったとの話を聞くと、自身もふたたび秩父路のSLを運転しなければならないという思いが頭をもたげてきた。私は高崎鉄道整備株式会社に転籍したうえで、秩父鉄道に出向。秩父鉄道では、同SLの運転を担当しながら5名のSL機関士を養成、国土交通省が実施する国家試験に合格させた。このSL機関士たちが、現在も同社のSLの運転を担っている。嬉しい限りである。

平成25年（２０１３）12月に秩父鉄道への出向が終了、翌年の3月には高崎鉄道整備も退職した。平成28年（２０１６）4月からは東武鉄道の嘱託社員となり、Ｃ11形２０７号機の復活運転に取り組んだ。東武鉄道では、国鉄時代の施設構造物であった転車台や車両を修復し、保存活用しながらＳＬの復活運転に備えていた。私は担当者の熱意と努力に感動した。

復活運転する線区を見て、私が機関士に是非とも修得してもらいたかったのは、きつい曲線と上り勾配の走行における列車の牽引方法であった。なかなか思っているような運転ができなくてやきもきしたが、「ＳＬ大樹」と命名されたＳＬ動態保存列車の営業運転開始日には、何とか間に合わせることができた。

私には東武鉄道でも成し遂げたいことがあった。それは、ＳＬ機関士の自社養成である。だが、当時、ＳＬ乗務員の知識や技能がいかにしても不足していた。私はＳＬ乗務員のブラシアップ研修を管理課長に提案した。課長は快く受け入れてくれ、乗務員の勤務処置手配を行ってくれた。時間を得たＳＬ乗務員は、今市機関区で朝から夕刻までみっちり勉強した。私は自身が若い頃に機関士科で使用した、教科書やノートをひっぱり出し彼らと向き合った。私はこの研修で近い将来、東武鉄道でもＳＬ機関士の自社養成ができると確信した。

思えば19歳で国鉄に入社し、ＪＲ東日本、秩父鉄道、東武鉄道を経て、令和2年（２０２０）に78歳で退職するまで、実に59年間にわたり鉄道業務に関わってきた。その間、電車運転士も務めたが、人生の大半を蒸気機関車と共に歩んだことになる。
生涯をともにした蒸気機関車の魅力を、この一冊に凝縮したつもりでいる。最後の一行まで
お読みいただき、私の話にお付き合いくださるようお願いしたい。

Contents

第5章　秩父鉄道のＳＬ復活運行

第6章　東武鉄道のＳＬ復活運行

第1章

国鉄就職

機関士科修了時の集合写真。上段左から９番目が筆者（東北鉄道学園）。昭和 42 年６月の撮影

国鉄入社後、はじめての研修。初等科臨時普通科の修了記念。この後、各職場に配属された。皆、高校時代に着用した学生服姿である

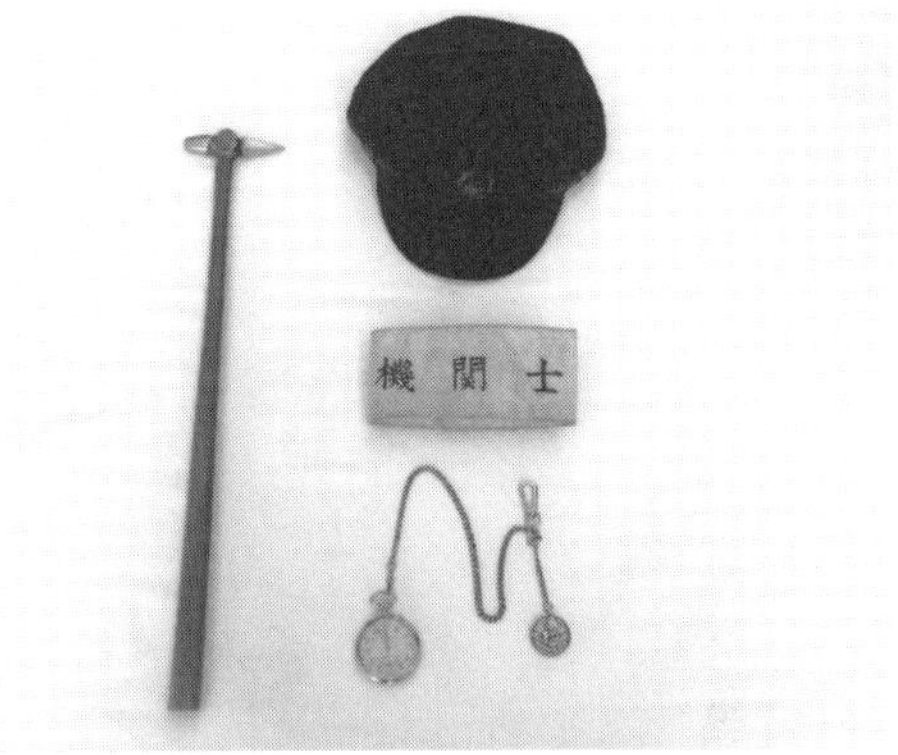

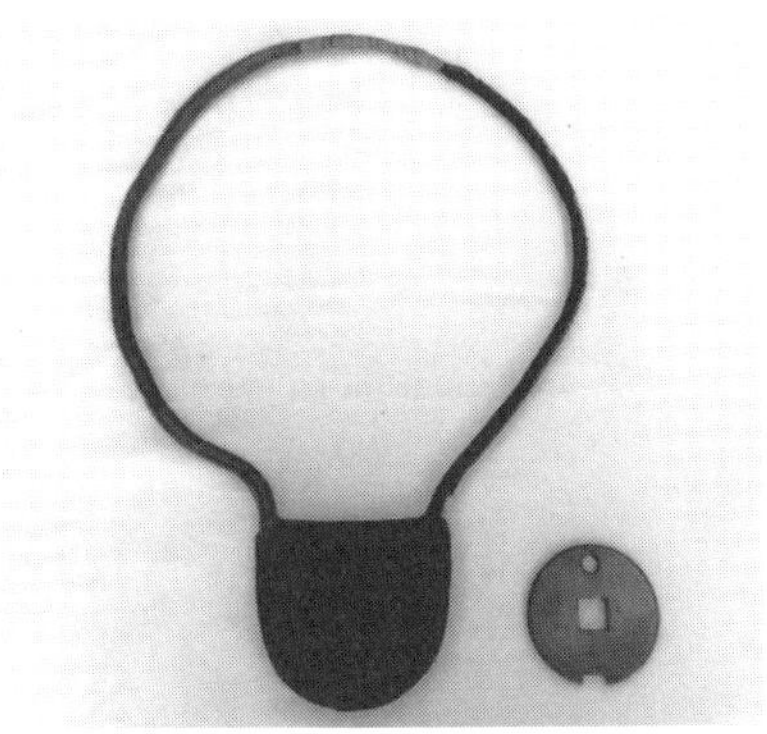

筆者が国鉄時代に着用していた装備やナッパ服。通票（写真下）は八高線で使用していたもの

蒸気機関車の乗務員になりたい

私は昭和17年（1942）12月28日、群馬県碓氷《うすい》郡磯部《いそべ》町（現・安中市《あんなかし》）下磯部《しもいそべ》で中規模程度の農家を営む父・豊一、母・キヨシの三男として生まれた。妹1人の4人きょうだいだが、祖父母・叔母も同居していたので9人という大家族だった。

周囲が田んぼと桑畑ばかりの環境では、甘やかされるはずもない。幼少の私の役目は母が用意する夕食の準備手伝いと、4～5匹飼っていた兎の餌の草取りだった。

2キロメートルほど離れた磯部小学校から下校すると、籠《かご》と大人用の鎌を持って田畑の畔《あぜ》に兎の餌取りに出かける。これが日課なので今が何時頃なのか分かっていたが、土間から居間にいる母に大声で時間を聞く。母は糖尿病を患っており、安中町（当時）の開業医、永山先生がオートバイに乗りよく往診に来てくれていた。寝込むほどの病状ではなく、母の元気そうな声に安心すると、勢いよく草取りに飛び出して行った。

家の近くからは、南面一帯に田んぼが広がっていた。その中央部あたりを信越本線（旧信越線）が田んぼを両断するように貫いていた。その沿線一帯を、草取り場に決めていた。

時刻は午後2時半頃だ。間もなく磯部駅を発車した高崎駅行の上りの汽車が通過するはずだ。当時は、蒸気機関車に牽引された客車列車を汽車と呼んだ。この蒸気機関車を間近で見たくて、毎日のように同じ時間、同じ場所へ餌取りに出かけていたのである。

蒸気機関車が近づくと、草取りをやめて通過するまで手を振りつづけた。線路が少し下り勾配であったためか煙突から黒煙は出ていなかったが、数秒間、驀進してくる機関車に体を小刻みに震わせることがためらいもなく楽しかった。

その後、30分くらいすると今度は高崎駅発、横川駅行の下りの汽車が通過する。横川駅に行く汽車は、線路が上り勾配のため煙突から黒い煙を吐き出しながら力強く走って来る。同じように、草取りを中断し手を振った。当時は気づかなかったが、上りの場合は機関士に、下りの時は助士に向かって手を振っていたことになる。

やがて、蒸気機関車には同じ人（乗務員）が乗っていることにも気がついた。私の姿を見つけた機関士が、手を振りながら短い汽笛をポーと鳴らしてくれることもあった。こんな時、私は両手を上げて飛び跳ねて喜んだものだった。

ある日、こんなこともあった。日課である草取りに出かけ、手を振っていた時である。一つの車両に進駐軍兵士がいっぱい乗っていた。中には客車の窓を開け、私に向かって手を振ってくれる兵士がいたので私も手を振った。

すると、一人の兵士が私に向かってハムを一本投げてくれた。私はびっくりして、進駐軍兵士に向かって両手を振って応えた。するとその兵士は窓から身を乗り出し、大きく手を振ってくれた。当時の進駐軍は客車の一両を貸し切り、軽井沢へ避暑に行くことを後に知った。そのハムを家に持ち帰り、家族で食べた時のうまかったことを今でも鮮明に覚えている。

私は蒸気機関車にあこがれていた。その思いはしだいに募り、高校時代の頃には蒸気機関車を見るたび、いつか自分もこれを運転する乗務員となり、沿線の子どもたちに手を振ってあげたいと思うようになっていた。

話は戻るが、餌取りが終わると私は家に帰り、母の手伝いをしていた。当時、大方の農家では夕食はうどんだった。群馬は小麦の産地で、収穫した小麦を粉にした地粉（小麦粉）でこしらえたうどんはうまかった。

母は病の体であったが少量の水で小麦粉をこね、小判型の団子を何個も作った。それを私がうどん機械で何度も平たくし、さらにハンドルを回しながら細く切って茹でる。大家族だから量も多い。これも家族から当てにされていた、私の重要な役目だった。

家での私の役割はそれだけではない。群馬県は養蚕が盛んで、ほとんどの農家が春・夏・初秋・晩秋の年4回、家族総がかりで蚕飼《こがい》に励んだ。蚕飼の量は農家によっても違うが、私の家では大農家並みに多かった。蚕種《さんしゅ》（蚕卵）250グラムを蚕にして年4回に分けて飼った。

この作業を養蚕農家では〝250グラムをはく〟と言った。蚕は四眠《よんみん》（中休み）して繭を作る。蚕は「頭」で数える。1グラムの蚕種から約2000頭がふ化し、1頭につき2グラムの繭を作るので、1グラムの蚕種から3・5キログラムくらいの繭ができる。この作業は現金収入になるが、蚕の餌となる大量の桑を摘んできては与える。繭になるまでこの重労働がつづくのだ。私も例外なく駆り出された。桑には葉の大きさや厚さなどを区別して4〜5種類あるが、私の家ではどの種類の桑の葉を使っていたか覚えていない。ただ、この桑の木には甘酸っぱい紫色をした桑の実がたくさん成る。この地方ではこれを〝どどめ〟と呼んで、子どもたちの結構うまいおやつになっていた。

私にとっては田植えも大変な仕事だった。当時は田んぼを耕す耕運機などなく、田んぼに水を張る田植えの準備に牛を使った。そのころの農家では乳牛用ではなく、農耕用として和牛を飼っていた。牛の鼻には鼻輪が付いていた。

私には「鼻取り」という、牛の鼻輪に2メートルくらいの竹の棒を結び付け、その棒を持って牛を誘導する仕事が与えられていた。牛は田んぼを耕す、オンガという農機具を引っ張って田んぼを耕す。うまく牛を誘導して耕したい場所を歩かせないと、効率よく耕せない。牛の誘導が悪いと、オンガを扱う長兄の勝に怒鳴られたものだった。

私の家の田んぼは線路端に多く在り、汽車を見ながら鼻取りができるので線路端の田んぼを耕すのが一番の楽しみであった。

しかし牛は汽車が来ると、その驀進音におびえて暴れた。汽笛でも鳴らされたら大変だった。

何とか牛が暴れない方法はないか、鼻取りをしながら考えていた。ある時、汽車が走って来る方向に向かって、機関車を見せながら田んぼを耕して見たところ、牛は暴れずに静かであった。

それから私は汽車が来ると、早めに牛を汽車が走ってくる方向に向け、機関車を見せながら牛を休ませた。すると、不思議なくらい静かになってくれた。私は蒸気機関車を見ながら機関士に手を振り、鼻取りの仕事を楽しんだ。牛も静かに私と一緒に、蒸気機関車の通過を見送るようになったのは不思議であった。

小学6年生の夏休み中の8月、病状が悪化した母が亡くなった。母が亡くなると、地粉をこねて作っていたうどんができなくなったので、水車に小麦を持って行って乾麺を作ってもらい、これを夕食に使用した。

町立磯部中学校に入学すると、私はテニス部で部活動を楽しんだ。この頃になると、蒸気機関車を見に沿線に出かけ手を振ることはしなくなった。だが、農作業手伝いの最中、蒸気機関車が走って来ると、手を休めて通過するまで見ていた。中学生になっても蒸気機関車への想いは変わらず、乗務員になり運転したいという思いは増すばかりだった。

3年生になると、高校進学か就職かを決めなくてはならない。高校進学は決めていたが、蒸気機関車へのあこがれから高校卒業後、国鉄に就職するにはどこの高校に行くのがよいか考えた。富岡市の男子校、県立富岡高校は進学校ながら、就職組の多くが東京鉄道管理局に入社していることを知り、この高校に決めた。担任の先生も富岡高校を勧めてくれた。

しかし、進学指導で担任の先生と父が面談すると、なぜか安中町（当時）の「県立蚕糸《さんし》高等学校」を受験する羽目になってしまった。父の言い分は家に女手がないため、高校に通学しながらも米や麦作り、養蚕の手伝いをさせたいというものだった。

父を恨んだが、また理解もできた。母を早くに亡くし、父を中心に家族全員が農作業に汗を流し支え合ってきた家庭である。やむなく蚕糸高校への進学を決めたが、国鉄に就職し、蒸気機関車の乗務員になる夢は捨てきれなかった。

受験する高校は「蚕糸」という珍しい校名がつく群馬県で盛んな養蚕を学ぶ貴重な学校で、蚕糸科・農業科・家庭科などがあった。昭和62年（1987）に「安中実業高等学校」と改称され、その後女子高の安中高校と統合され、現在では「安中総合学園高等学校」となっている。蚕糸高校という珍しい校名は、残して欲しかったと今も思う。

蚕糸高校は家からは碓氷川の吊り橋を渡り、徒歩20分ほどで行けた。高校の3年間、農作業を手伝いながら高校生活を過ごした。担任の先生からは大学進学を勧められたが、進学する気持ちはなく進路を就職に絞った。だが高校からは、希望の国鉄職員採用試験の案内もない。

国鉄への就職は国鉄職員の子弟か、関係者でないと受験できないという話であった。最初はそんな差別があるのかと思ったが、それは事実だった。私には何の伝手もなく、あきらめざるを得なかった。これで希望は二度も絶たれ、今度ばかりは蒸気機関車乗務員へのあこがれも消えかけてしまった。

父も私の希望は分かっていたが、何も言わなかった。人生なんてこんなものか、一人嘆きながらもふんぎりをつけ、学校に社員募集の案内が来ていた民間会社の信越化学を受験し合格することができた。

そんな時だった。父が高崎市下佐野の親戚・松田家の法事に呼ばれて出掛けて行った。帰宅した父がいきなり、「おい、つとむ、あした佐野の新宅の良三さんの家に国鉄職員採用試験の申し込み用紙をもらいに行ってこい」と言った。

良三さんは、父の妹が嫁いだ松田家分家の当主であり、当時、高崎鉄道管理局厚生課に勤めていた。私も父も松田さんの勤め先を知らなかったのである。

迂闊な話であるが、法事の席で高崎鉄道管理局厚生課に勤務していることが分かり、私の希望を伝えると良三さんは、「国鉄職員採用試験を受験したいのなら、願書用紙をもらってきてやるよ」と快く引き受けてくれたというではないか。嬉しかった。飛び跳ねたい気持ちだった。ようやく念願の一歩が踏み出せるのかと思うと、その夜は興奮してなかなか寝つけなかった。

国鉄（高崎鉄道管理局）職員新規採用試験に合格

さっそく松田さんの家まで願書をもらいに行き、必要事項を記入した。その翌日、記入漏れはないか何度も確かめてからバイクで直接届けた。その帰路に、安中市内の本屋に寄り、就職試験問題集を買った。

昭和35年（１９６０）11月2日、「高崎鉄道管理局、職員新規採用試験通知」が郵便葉書で届いた。試験日は11月13日の日曜日、試験会場は高崎市立女子高校で、受験番号は２４７番であった。試験日まで10日しかなかった。

さらに追加で新しい問題集も買ってきて必死で取り組んだ。試験日がやって来るのが早かった。

試験会場に行くと、大勢の人が受験に来ていた。皆勉強ができそうな顔に見え、だんだん自信がなくなってしまったが、精一杯頑張った。

試験が終わり一週間が過ぎた11月20日、二次試験の通知はがきが来た。一次試験に合格できたのだ。嬉しかった。その夜、良三さんに学科試験の合格を電話した。

二次試験の適性検査と身体検査は、群馬総合職業訓練所で行われた。その結果が12月10日に来た。またもや合格であった。

三次試験の面接は、管理局の高崎職員集会所で行われた。面接室に入ると3人の試験官が座っていた。真ん中に座っていた試験官から、国鉄職員になりたい志について尋ねられた。

私には苦い体験があった。小学6年の暮れ、上尾駅近くに住んでいたおばさん（父の妹）の家に餅を届けに行くことになった。安中駅から汽車に乗り高崎駅で下車し近くにいた駅員に、上野行きの列車は何番線から出るのかを尋ねた。駅員が教えてくれた番線に行き、上野行きの列車を待ったがなかなか来ないので、別の駅員に上野行きの列車の発車番線を聞くと、はじめに教えてもらった番線と違う番線であった。私が乗ろうと思っていた列車は、もう高崎駅を出発してしまっていた。最初の駅員は間違った番線を教えていたのだ。

私が乗った列車が上尾駅に着いた時は、もうあたりが真っ暗になっていた。試験官にはそんな辛い思いの体験話をしたあと「私は、お客様に正確で丁寧な案内ができる国鉄職員になりたい」と答えた。試験官に「いい心構えだね」と言われて、面接は終わった。

12月24日に封筒が届いた。

「拝啓　貴殿は、さきに施行いたしました職員採用試験の結果これに合格し、当局の欠員補充要員に決定しましたからご通知申し上げます。但し、採用につきましては、欠員が生じた時に遂次採用することといたしますから予め御承知いただきとう存じます。また、採用の際には再度身体検査を行いますが、その結果異状のありました場合には採用資格がなくなりますから併せて御了承願います。敬具　昭和三十五年年十二月二十四日　高崎鉄道管理局長」

合格通知だった。両手の拳を胸に当て喜びのあまり叫んでしまった。長年の夢がついに実現したのである。

翌昭和38年（1963）3月27日、また封書が届いた。その中には入社式の通知と、採用前の講習実施の通知が封入され、「整理番号232」と記されていた。

「貴殿には、先般当管理局の採用試験に合格され職場へ赴任の日をお待ちになっておることと存じます。当管理局におきましては、昭和三十六年度一年間に生ずる欠員を予定して採用人員を決定いたしました関係で、貴殿の職場配属に付きましては、未だ決定いたしておりませんが、遅くとも八月か、九月頃までには全員就職できますように計画いたしておりますから悪しからずご了承願います。就きましては、あらかじめ国鉄の近況をお話しいたし、職場への御理解を深めていただくとともに、貴殿のご希望もお伺いいたしたいと存じ、入社式を行うこととなりましたので、下記事項御承知のうえ御出席をお願いします。
一、期日及び場所　四月三日　高崎市栄町　群馬総合職業訓練所
二、参集時刻　当日午前十時十分までに会場に参集のこと
三、国鉄列車の無料乗車について」
また一部を略したが、人事課から次のような案内もあった。

「あなたは、さきに当管理局施行の新規採用試験に合格しましたので、職員として採用する前に必要事項の講習をいたしますから、次の事項承知のうえ出頭して下さい。また指定した日に出頭できない場合はそのむねすみやかに当管理局人事課（養成係）に御連絡下さい」

出頭月日は4月6日8時30分、講習場所は高崎職員養成所（高崎駅東口下車高崎鉄道病院裏）で、講習期間は4月6日から4月27日まで。出頭の際の携行品は、通知書、弁当、上履き（宇都宮に限る）、筆記具、ノート、印鑑とあった。

横川機関区配属

国鉄は昭和24年（1949）6月に運輸省（旧・鉄道省）から分離された。公共企業体「日本国有鉄道」として新発足し、地方組織の整備が行われていった。高崎、宇都宮の両管理部は併合のうえ、高崎鉄道管理局として昭和25年（1950）8月1日に開設された。北関東を管轄する管理局の設置にあたっては、高崎と宇都宮の両市が誘致活動を行ったというが、交通上の要所である高崎に決定したという経緯がある。

4月6日は、念のため早めに高崎職員養成所に出頭したのだが、もう数人の受講者が来ていた。教室には「第一回臨時普通科」と書いてあり、受講者は19人だった。担任は菊池さんという教官で、授業では鉄道の一般常識と運転法規を担当した。

数日後、授業は高崎職員養成所から高崎車掌区の講習室に移動した。高崎駅の1番線ホームのすぐ脇にあった2階の講習室だったので、授業中は駅の構内放送がうるさかったが、講習内容が大切な話ばかりなので聞き洩らさないようにした。わずかの期間であったが、列車を安全に走らせる方法「閉塞《へいそく》方式」や信号のシステム、機関車や貨車の記号など、いろいろなことを知ることができた。

4月27日に閉講式が行われ、人事課から受講者全員に5月1日からの勤務先が発表され、私は横川機関区に同期生5人と勤務することになった。

横川機関区（現在施設は「碓氷峠鉄道文化むら」に転用）は、日本で一番の急勾配を運転するアプト式機関車を保有している機関区である。この機関区に勤務していれば、将来は機関士になれるかもしれない。私は嬉しかった。

受講者全員が運転職場に配属になったのは、採用試験の成績だと聞いた。同期生の中には駅を希望していた人はいなかったので、みな喜んでいた。

5月1日に初めて横川機関区に出勤した。磯部駅まで自転車で行き、一列車早い汽車に乗った。通勤客は少なく、軽井沢へ行商に行くおばちゃんたちが大勢乗っていた。

横川機関区で、私たち5人は事務室へ行き事務助役に出勤の挨拶をすると、首席助役が来て区長室に案内してくれた。区長から「横川機関区の概況と、安全について」の話があった。事務室に戻ると、物品担当の事務係が私たちを物品倉庫に連れて行き、使い古しの作業服（ナッパ服）2着と、つばが短くナッパ服の生地で作ったアンパン帽子を1つ、地下足袋1足を支給してくれた。

その後、首席助役が整備掛の詰所に案内してくれた。整備掛の監督に挨拶をすると、監督がすぐにロッカー室に案内してくれた。ロッカーには、既に私たち5人の名前が貼られてあった。そこでナッパ服に着替えると、監督が構内を案内してくれた。

ナッパ服を着て構内を歩くと国鉄職員になった気分になり、胸を張りたくなった。やがて昼食時間となったので、整備掛の詰所に戻り持参した弁当を食べた。午後は先輩たちの後について行き両腕にボロ布を巻き、右手にボロ布を持ち左手にはボロ布に染み込ませる廃油の入った缶を持って、入区して来る機関車のロッド（個々の動輪が空転しないように第1動輪と第2動輪、第3動輪と第4動輪を連結している連結棒）や動輪、台枠を奇麗に磨く作業をした。

ロッドは横川機関区の電気機関車ＥＤ42形の特徴であった。Ｅはエレクトリック（電気）、Ｄは動輪の数をあらわしている。この機関車は急勾配を運転するため、機関車が空転せず充分な力を発揮できるよう第1動輪と第2動輪、第3動輪と第4動輪がロッドでつないであった。

このロッドに傷が付いたり、亀裂が入ったりすると大事故につながるため、念を入れて奇麗に磨くよう何度も注意された。作業時間が余ると、機関庫に入ってスクリッパという金具を使い、床面に付いた油粕や粉塵を削り取りながら床面の清掃も行った。難しい作業はなかったが、出入区する機関車には触車しないよう特に注意しながら作業をした。

作業を終え勤務時間が終了すると、私たちは機関区内の大きな風呂に入って汚れを落とした。こうして、鉄道員としての第1日目がようやく終わった。

2日目以降は、私たちと先輩たちは分れて作業をした。新参者は機関車の台枠の奥やロットの裏側など、汚れている個所を専門に掃除をした。先輩たちはロッドの表側や、動輪のあまり汚れていない部分を清掃するのである。

新参者は、油で汚れている奥の方まで手を延ばして拭かなければならず、作業服も粉塵と油で真っ黒に汚れる。運転室の清掃と、機関車が滑り止めに撒く砂の補充作業もあったが、これはベテランの先輩が担当していた。毎日毎日が真っ黒になり顔や手の皺の中まで黒い汚れが入り込み、タワシでこすっても汚れが落ちなかった。

機関車も1日の稼働が決まっていて、朝早く出区すると午前中には入区して、また昼頃出区する。この機関区での待機時間に、検査係は故障個所がないかをハンマーで叩きながら点検する。悪い個所があればすぐ修理する。さらに油を補給しながら、次の出区に備える。その間にわれわれは機関車の清掃をする。数多くのトンネルを走り抜けて来るので、機関車は激しく汚れて入区して来る。いずれも時間に追われる作業であった。

機関士と機関助士が奇麗なナッパ服に紺の帽子をかむり、顎ひもをキチッとしめて機関車に乗り込む姿を見ていると、いつまでも真っ黒になって機関車磨きをやっているわけにはいかない。私も近い内に必ず乗務員になるんだと心に誓い、ボロ布と廃油の缶を片手にぶら下げて出区する機関車を見送った。

横川機関区はＥＤ42形電気機関車28両を使って碓氷峠の難所、横川〜軽井沢間11・2キロメートルに横たわる、66・7パーミル（‰）という急勾配の区間運転を担当していた。この区間は特に「碓氷線」と呼んだ。

その歴史は古く、明治28年（１８９３）４月１日に蒸気機関車による営業運転を開始している。トンネルも26ヵ所あり、総延長は４・５キロメートルにもなる。当初はこの急勾配の碓氷線に、アプト式（ラックレール式鉄道）の蒸気機関車を運転させた。当時の乗務員や乗客は煙害の苦痛で耐え難いものがあったと聞く。そこで鉄道院は明治44年（１９１１）９月にこの区間をアプト式のまま電化し、翌明治45年５月11日からは、電気機関車と蒸気機関車の重連運転による営業運転が開始された。

私が横川機関区に配属された時点では横川〜軽井沢間は、まだアプト式鉄道として運転されていた（アプト式が解消されたのは昭和38年９月）。当時のこの区間では、運転を主導する機関車、本務機関車1両と、本務機関車の押し上げ力を補助する、補助機関車3両の計4両の電気機関車によって運行されていた。第3補機が列車の先頭（軽井沢方面の列車）に連結され、本務機関車と第1補機、第2補機の3両は列車の後ろに連結して軽井沢駅までの急勾配を運転した。

乗務員は本務機関車に機関士と機関助士、第1補機と第2補機には機関士のみ、第3補機には機関士と機関助士が乗務していた。運転席が上り方（高崎方）にあったので、軽井沢へ行く時は機関士と機関助士は後ろ向きで押し上げ運転操作を行っていた。そのため、規模のわりに乗務員数が多い機関区であった。

ここで私が横川機関区に配属になった話に戻るが、私の場合、採用前提での臨時雇用員が昭和36年（1961）の5月1日から始まり、2ヵ月で終わった。7月1日から試用員となり、日給が250円から400円にアップした。9月1日には区長室へ呼ばれ、「日本国有鉄道職員を命ずる」という発令通知を手渡された。これで、晴れて国鉄職員となったのである。そして、機関士を目指せる機関区勤務であった。給料も月給8600円になり、すぐにベースアップして月給は1万円となった。

給料は月の前期と後期に分けて支給され、前期が4000円、後期が6000円であった。ナッパ服も真新しい物が2着支給された。写真票が付く乗車証は高崎鉄道管理局管内だったらいつでも無料で乗ることができた。一気に待遇が上がったことに驚いた。

整備掛の詰所でも変化があった。先輩たちが電気機関助士科に入所していなくなり、その仕事を私たちが中心になって引き継いだ。私は運転当直助役のもとで「使い番」と言う仕事をすることになり、勤務も徹夜勤務となった。この仕事は朝8時30分から、翌日の朝8時30分までの一昼夜勤務である。

朝出勤すると当直助役のところへ行き、お茶を淹れたり、乗務員室のお湯を沸かしたり、予備勤務の乗務員に当直助役が指定した勤務通知票を渡すといった仕事である。夕方になると、乗務員が前夜出勤して仮眠をとる寝室の布団を敷く仕事もあった。

夜になると、当直助役と2人きりになり時間にも余裕ができたので、通信教育の勉強をすることにした。通信教育は科目ごとに分かれていて、私は機関助士科を受験する時に試験免除になるという「鉄道一般」と「運転法規」を受講することにした。受講を申し込むと鉄道職員養成所から教科書が送られて来て、課題ごとに問題が提起されていた。

その問題ごとに報告書を書いて養成所に送ると担当の先生が採点し、合格点をとれれば次の課題に進める。すべての課題に合格すると、修了試験を受けることができた。

夜になると、私は時間をみつけて通信教育に熱中した。横川機関区には転車台があって、その職場には高崎駅から横川駅まで運転して来た蒸気機関車を転車台に乗せて方向転換をする誘導係と、蒸気機関車の炭水車にのぼって給水したり、石炭をかき寄せる燃料係がいた。

仕事に慣れてくると昼間も少し時間的な余裕ができたので、その燃料係がいる詰所に行って機関車の方向転換を見学した。子どもの頃よく手を振った蒸気機関車が目の前で方向転換をし、重い巨大な鉄の機体がガタン、ガタンと音をたてて転車台からおりて行く様子がたまらなく好きであった。

蒸気機関車助士試験に合格

横川機関区に就職して1年が過ぎた頃、『高崎鉄道管理局報』に蒸気機関助士科の生徒募集が載った。小さい頃から蒸気機関車に手を振り、いつの日かあの蒸気機関車を運転したいという思いは、その時も変わらなかった。

そのチャンスがようやく訪れたのだ。昼休みに整備掛の詰所に行き、初等課程の同期生に蒸気機関助士科の試験を受けるか相談した。「蒸気機関助士の仕事は大変だから受験しない」と言う仲間もいた。結局、初等課程で勉強してきた仲間のうち3人が受験した。ほかの職場の仲間も2人が受験し、横川機関区から5人が受験した。

試験科目は鉄道一般、運転法規、蒸気機関車、数学の4科目であったが、私は通信教育で鉄道一般と運転法規が合格していたので受験が免除され、数学と蒸気機関車の2科目を受験するだけでよかった。試験日まであまり余裕がなかったので、徹夜勤務の時や勤務明けの日に高校時代に使用した、数学の教科書や蒸気機関車の教本を広げて勉強した。何としても合格したかった。

一生懸命頑張った機関助士科の試験も無事終わり、横川機関区から受験した5人全員が合格した。昭和37年（１９６２）５月から、「高崎職員養成所第五回蒸気機関助士科」に入学、19歳の時のことである。宇都宮、小山、桐生、高崎第一、高崎第二、横川の各機関区の合格者は18人であった。

ところが、入所して間もない5月3日、「三河島事故」が発生した。事故の状況は、常磐線下り貨物列車の機関車が安全側線に乗り入れて脱線、平行して走っていた電車がそれに接触し脱線して倒れた。さらに、そこに上り電車が突っ込んでしまった。死者１６０人、負傷者が３８３人という大惨事であった。

当時の新聞は一面に大きく写真を載せ、何が原因だったのか、さまざまな記事を掲載した。そして、世論は国鉄を激しく非難した。私たちは、授業の中で教官から三河島の構内図を黒板に書き、事故の概要を詳しく教えてもらった。

私が最もショックを受けたことは、蒸気機関車（D51形３４６号機）の脱線だった。あこがれて機関助士科に入り、まさに蒸気機関車の機関助士を目指して勉強を始めた矢先であった。

いったい何が原因だったのか。機関助士としてこれから何が必要なのか、授業の中でいろいろ議論しながら勉強した。

三河島事故の後、しばらくして「模型投炭訓練」が始まった。この訓練の目的は、列車の安全運転と燃料消費の経済的効果を図ることであった。燃料の消費を減らすには、熟練した焚火《ふんか》技術と確固たる精神力、強靭な体力づくりが必要であった。

この実習は、高崎第一機関区の模型投炭訓練機が使われた。何台もの投炭訓練機が並んでいて、一つの訓練機に３人が１組になって投炭訓練を行った。９６００形（大正時代に登場した機関車）の模型投炭訓練機は実際の機関車を模して作られており、火室の下半分を鉄板で作ってあって、焚口戸《たきぐちど》は本物と同じものが付いていた。

また、炭水車の部分は石炭だけ入る鉄板の箱に作ってあり、すくい口は本物と同じものが付いていて、箱の中には小粒の石炭が５００キログラム入っていた。投炭訓練は３人が相談して役割分担を決めた。投炭訓練をする人、ストップウオッチで時間を計る人、投炭した火室の石炭を計測して計測用紙に記入する人が分担して、役割を交代しながら訓練を実施したのである。

ストップウオッチ担当の「ヨォーイ始め」の合図で、投炭担当者は片手で持って投炭するショベル、乙種ショベルを使ってすくう量は1キログラム、投炭時間は7分20秒以内で２００杯の投炭を行う。一期目（２００杯の投炭）が終了すると、模型火室に投炭した石炭の厚さ（堆積量）

を計測する。計測は投炭した石炭の厚さをさしこんだ物差しで30ヵ所計測し、その数値を計測用紙に記入した。

計測が終わると、堆積している石炭の上に二期目の投炭を開始する。同じ時間内で200杯を投炭して（合計400杯）、もう一度計測して、その数値を計測用紙に記入する。計測用紙には、理想とする石炭の厚さの火床基準数値（厚さ）が印刷されていて、基準どおりに投炭ができているか自己採点した。

投炭時間や、投炭しながら床面にこぼした石炭の量も計測し、数値を採点用紙に記入すると減点方式で投炭技術の得点がすぐに分かった。得点が低いと、教官に厳しくハッパをかけられた。高得点が出るのは、時間内で投炭が終了し、床面に石炭をこぼさず、投炭した火室内の石炭は手の平を返したような形、つまり両側と手前が少し高くなって奥に行くほど低くなるように堆積している時だった。

訓練を繰り返して行っているうちに、私もだんだん高得点が出るようになった。投炭訓練機に投炭した石炭は、計測終了後すぐに元の場所（鉄板の箱の中）に戻すのである。パイスケ（竹で編んだカゴ）に石炭を入れて元の場所に戻し、次の人の投炭訓練の準備をする。これがなかなか大変な作業であった。3人で協力して元の場所に戻すと、次の人が投炭訓練を開始した。これを4～5回繰り返すと昼食になっていた。

模型投炭訓練には、次のような心構えが必要であった。

1、投炭の上達は第一に姿勢から

2、上達を志す人は服装を整えること

3、散乱炭は投炭練習のはじめから抑えること

4、上向きショベルは焚き上げのもと

私たちは模型投炭訓練の目的達成に向かって、規律正しく大きな声を出して汗だくで頑張った。投炭訓練の翌日は、シャベルを持った右手の甲が饅頭みたいに腫れあがり鉛筆もうまく持てなかった。投炭訓練は週一回のペースで行われたが、回数を重ねるごとに投炭技術も向上し高得点が得られるようになった。

投炭訓練に使用する模型はD51形、使用するショベルは甲種ショベルで両手使用だった。9600形の模型で使用するショベルは乙種ショベル、こちらは片手使用が原則だった。ショベルの扱いは「伏せショベル」で広く石炭を散布し、投炭順序は正しく所定杯数を所定時間内に投入して火床基準線に合致するように投炭訓練した。

勉学で運転法規や蒸気機関車、焚火給油等を熟知することも大切であるが、大きな声を出して規律正しく投炭訓練をする。これによって機関助士になった時、最も重要な任務である焚火技術の向上、信号確認の喚呼応答や前途確認の喚呼応答に役に立つことを知った。

何日間も汗だくで頑張った投炭技術もよい成績をおさめ「第五回機関助士科」の講習が終わりに近づいたこの年の8月8日から11日の間、3泊4日の修学旅行に出かけた。

北海道の国鉄職員宿泊所に泊まりながら洞爺湖、昭和新山、定山渓、札幌などを巡る旅であったが、初日に台風が北海道に接近したため青函連絡船が欠航になってしまい、やむなく浅虫温泉の旅館にも1泊した。

翌日、一番早く出航する連絡船に乗船したのだが、船が外海に出ると波が荒く船が大きく揺れ、デッキに出ることもできずにひたすら船酔いをしないよう客室で頑張った。やっとの思いで函館港に着いた。

1日遅れたので忙しい旅にはなったが、汗水流して頑張ってきた仲間たちとのこの旅行は、長い鉄道員人生の中で初めて体験した思い出の多いものとなった。

第2章

高崎第一機関区勤務

高崎駅を発車する両毛線のSL列車（客車編成）。昭和40年代前半まで両毛線は蒸気機関車が大活躍した

蒸気機関車は前位方向に進行するのが原則。国鉄時代には車両の向きを転換する転車台が各機関区や折り返し駅などに設置されていた

国鉄高崎第一機関区構内。明治時代中期から蒸気機関車を大量に所有し、鉄道の街としても発展を重ねてきた高崎のシンボル的施設である

蒸気機関車の仕組み

私が配属された高崎第一機関区（略称・高一）は当時、蒸気機関車の一大基地であった。機関区でのエピソードをご紹介するこの章では、どうしても専門用語や現場用語が頻出する。そのため、読者の理解を深めるため、可能な限りカッコ書きで説明しておいた。一部後年の話が混在するため違和感を覚えるかもしれないが、私自身が機関士となった長い間に体験して覚えた事柄をまとめたものであることを、ご理解いただきたい。

まずは、蒸気機関車の基本的な仕組みの解説から進めていきたい。なお、この章では「機関車」と記した場合、蒸気機関車を表すこともお断りしておきたい。

蒸気機関車が蒸気の強力な力を利用して動くことは、多くの方がご存知であろう。では、その蒸気力をどのようにして発生させると動力とすることができるのか。

蒸気機関車で絶対的に必要なのは、大量の水と石炭である（石炭の扱いについては第1章の機関助士の項目、投炭訓練で詳しく記した）。出区前に炭水車の水タンクが満水であるか、石炭が充分積載してあるかを炭水車にのぼって確認し、火床《かしょう》（石炭が燃える場所）を整理して石炭が燃焼しやすいようにするのが機関助士の仕事である。そこで火室（石炭燃焼室）内に投入された石炭は、どのような過程で燃焼するか記してみよう。

まず、火室内に投入された石炭は、火床の熱を吸収して約１００度で水分が蒸発する。さらに、２５０度以上になると揮発分を分離する。さらに温度が高まると今度は揮発分中のタール分が溜出し、タール分はさらにガス化するまで加熱され、炭素と水素に分解されて、火格子《ひごうし》（火室の底の部分）下部から進入する空気（１次空気）と石炭投入口の焚口戸から進入する２次空気によって燃焼するもので、揮発分は約８００度位までの間で完全燃焼する。

この場合、空気の供給が充分であれば完全燃焼して炭酸ガスになるが、不充分であれば不完全燃焼で一酸化炭素となる。固定炭素（石炭）は約４００度以上で着火し始め、揮発分が完全燃焼した後も熾《おき》となり、１次空気によって燃焼し続ける。この場合の燃焼温度は、石炭の種類にもよるが１４００～１５００度となる。

出区準備が整うと、蒸気機関車の火室内に石炭を投入する。石炭は燃焼して、燃焼ガスが煙管を通りながらボイラー内の水を加熱する。発生した蒸気は、ボイラー内上部にある蒸気ドーム（蒸気溜め）に集められボイラー圧力は上昇する。機関士がシリンダーに蒸気を送る量を加減する加減弁を開けると、蒸気溜に集められていた蒸気はボイラー内の乾燥管を通り、過熱室の前室（飽和蒸気室）に行き、大煙管内に設置された細い過熱管を通りながらさらに熱せされ過熱室の後室に戻って行く。過熱室の後室（過熱蒸気室）に戻る課程でほとんど乾燥した蒸気となり、主蒸気管を通ってシリンダー室に送られるのである。

送られた蒸気はまず蒸気室に入り、ピストン弁の開閉作用によって蒸気口からシリンダーに送り込まれ、ピストンを動作させたのち、蒸気室を通って吐き出しノズルの口筒《こうとう》から噴出される。噴出によって煙室内の燃焼ガスや煙を誘出し、真空作用により通風を促しながら燃焼ガスや煙を煙突から吐き出す。これによって、煙室内が真空状態となると誘引通風が火室内でも発生し、火室内の石炭の燃焼を促進させる。動作したピストンの前後動は、主連棒を介して動輪のクランクピンに伝わり、回転運動に変換し機関車を前後進させるのである。

機関士が停車駅から列車を発車させる際は、まず出発信号機の進行（青色）現示を確認し、前進・後進を決める逆転ハンドルを前進位置にして、バイパス弁（シリンダーの前後に設置されていて給気、惰行運転によってバイパス通路を閉じたり、開いたりする弁）、ドレン弁（シリンダー底部に3個付いていて、前後はシリンダー用で中央は蒸気室用で、凝水を蒸気と共に排出させる弁）を閉じる。

駅長の出発合図により、発車合図の汽笛（ぽー）を鳴らす。次にブレーキをゆるめて加減弁を開けると列車は動き始めるのだが、その間の蒸気の流れを記すと次のようになる。ただし、一般的な過熱蒸気機関車の場合である。

蒸気溜→加減弁→加減弁取付管→乾燥管→過熱管寄飽和蒸気室→過熱管（2往復）→過熱管

寄過熱蒸気室→主蒸気管→蒸気室→シリンダー蒸気室→排気室屋→出管→吐出ノズル→煙突→大気に放出、となる。

また、機関車が駅を発車して行く際、シリンダーの下からシュー、シューと激しく蒸気を吐きながら走行する光景を目にするであろう。これは、シリンダーが冷えていると乾燥した蒸気でもシリンダー内に水滴ができ、これが多量になるとウオーターハンマー（水打作用）を起こし、シリンダーを破損する恐れがあるので、これを防止するためシリンダーが温まるまで、水滴を含んだ蒸気を時どき排出するために行われているものである。

機関士が列車を運転するには、細心の注意と技術を要する。その中で列車が発車する際、客車は車両間の連結器のゆるみのためガシャと衝撃を受ける。この衝撃を少なくするため、発車時が最も気をつかう。衝撃をやわらげるには発車の際、加減弁をただ開けるだけではなく、小さな補助弁を先に開け、少量の蒸気をシリンダーに送り込みながら主弁を軽くして少しずつ開けていくのである。すると、列車は衝動もなく静かに動き出す。これは機関士の加減弁を扱う感覚であり、技術である。

機関車には空転（車輪の空回り）を起こしやすい形式と、そうでない形式がある。空転を起こしやすい形式にはC57形、C60形、C61形、C62形のように動輪が大きく高速運転用に造られた機関車が挙げられる。一方、９６００形のように、動輪直径が１２５０ミリと小さいので高速性には難があったものの空転は少ない形式もあった。

また、線路の状態によって空転しやすい場合もあり、機関士の機器扱いの問題によって空転を起こすこともある。

空転しやすい線路の状態には、線路上に枯れ葉が落ちている時や、線路が湿っている時が挙げられる。特に冬季になると線路上に落ち葉がたくさん落ち、霜がおりて凍ったりするので空転が多発する。いずれも、線路と車輪との間の粘着力が低下するのが原因で、機関士は砂を撒いて空転を防いだ。

機関士の機器扱いによって空転を起こす時は、列車の出発時や急勾配を上る時、加減弁を必要以上に開けた時である。粘着力と回転力のバランスが崩れたのである。機関車のブレーキは、ET6形空気ブレーキ装置を取り付けている。ここで言うEは機関車(ENGINE)、Tはテンダー(Tender／炭水車)の意味である。

機関車のみで運転する場合は、単独ブレーキ弁を使用するが、客車を牽引している時は自動ブレーキ弁を使用する。ブレーキ扱いでは、特に最初の停車駅では列車のブレーキ力を試すため、予定ブレーキ位置よりも手前で0・6キロ程度のブレーキ管減圧を行い、早めにブレーキ効果を確かめて、減速状態によって追加減圧を行い、ブレーキ力に十分な余裕を持つことが必要である。それ以前に、発車前のブレーキ試験をしっかりやっておくことも大切であった。

蒸気機関車にとって、車体の一番上に取り付けられるボイラーは、蒸気を作る役目を担う重要な機器である。ボイラー状態が悪いと機関車は動かない。

重要なボイラーの保安装置には、水を送る2個の独立した装置「給水器」、水位が分かる2個の独立した装置「水面計」、「ボイラー安全弁」、「ボイラー圧力計」、ボイラー水が減り鉛がとけ火室に蒸気が噴き出していることを乗務員に警告する装置「溶栓」、から焚き防止と、内火室最高部位とボイラー内水位を確認するために、水面計の脇に設けられている「内火室最高部表示板」がある。機関車乗務員は、常にこの装置類に最善の注意力をはらい乗務しているのである。

同じ仕組みの機関車に乗務しても、蒸気の上がりが悪い機関車、力のない機関車や空転しやすい機関車、車軸が発熱しやすい機関車などがあり、それぞれの機関車の癖をよく知ることも機関車乗務員の大切な仕事だ。

次に、蒸気機関車の馬力について記しておこう。馬力はそれぞれの機関車の火格子面積の400倍となっている。たとえば、C58形は2・15平方メートル×400で860馬力、D51形は3・27×400で1308馬力となる。

これほどの馬力を有しながら、蒸気機関車の全効率（ボイラー効率×蒸気効率×機械効率で表す）は最大で7・56パーセント、最小で2・7パーセントしかなく、その効率はきわめて悪い。

つまり、機関車を動かすのに石炭の持っている熱量の3~7パーセントしか有効に利用されていないことになり、残りの約93パーセントの熱量は活用されることなく放出されるのだ。この効率の悪さが、蒸気機関車が消えていった大きな要因の一つであった。

高一の線区別使用機関車

さて、私が昭和37年（1962）に高崎第一機関区（高一）に転勤した頃に話を戻そう。

「第五回機関助士科」の修了式後、私たち5人は横川機関区に機関助士科修了の報告に行った。すると首席助役から、「明日、機関助士見習いとして高崎第一機関区に転勤の辞令が出る」と言い渡された。

「ここでの勤務は今日が最後だ」と感慨に浸りながら私たちは整備掛の詰所に行き、自分で使用していたロッカーを清掃し、当直助役室に挨拶に行った。当直助役室に入って行くと、当直助役が「高一には機関助士をしている俺の長男がいるから何かあったら相談しろ」と言ってくれた。後の話になるが、私は八高線でこの時の当直助役の長男に機関助士見習いとしてお世話になることになる。かくして私は、「八月十五日付けで高崎第一機関区機関助士見習いを命ず」の辞令をもらい、高一に転勤したのだった。

ここからは、高一の歴史と、高一が受け持った高崎線、上越線、両毛線、八高線で運転された機関車について紹介したい。

高一は明治17年（1884）5月に高崎機関庫として発足、上野駅～高崎駅間（後の高崎線）での蒸気機関車の運転を担当した。

開業当時の高崎線区間（当時は日本《にっぽん》鉄道）には、1Bタンク機関車（先輪1、動輪2、炭水車なし）の120形5両と160形5両の10両が充当された。160形は明治4年（1871）に輸入されたイギリスのシャープ・スチュアート社製で重量は24トンであった。主として新橋～横浜間で貨物列車を牽引していた。

明治18年（1885）に高崎駅～前橋駅が延伸された時、「日本鉄道報告書」には高一の保有機関車は16両と記されている。この報告書にはタンク・テンダの区別こそ明示されていないが、当時の機関車を知るうえで重要な資料である。さらに同年、信越（本）線の高崎駅～横川駅が開通し、高一には5両のCタンク機関車（動輪3、炭水車なし）が配置された。機関車はダブス社製の機関車と思われ、国有後の1850形である。トレビシック社の資料によると、Cタンク機関車（1800形、1850形）が主力であった。

明治31年（1898）には高一C1タンク機関車（動輪3、従輪1、炭水車なし）で後に2120形となる機関車が配置されている。明治39年（1906）11月、日本鉄道会社は「官営鉄道」に買収されたが、大正中期まで高崎駅〜横川駅間では2120形（通称B6機関車）が引き続き活躍した。

大正10年（1921）になると、高一では9600形（先輪1、動輪4、炭水車ありの大型機関車）が使用され、昭和9年（1934）頃からはD50形、その後D51形が配備され、昭和37年（1962）7月に電化されるまで使用された。動輪直径が1250ミリの9600形は、動輪直径1400ミリのD50形やD51形に比べて、速度こそあまり出せなかったものの、牽引力があり空転も少なかったため、勾配線区や貨物列車の牽引に適していた。また、貨物列車を組み立てる操車場（ヤード）の入換機関車として最後まで活躍し、ディーゼル機関車に引き継いだ。

高一が運転担当する高崎線区間も、明治39年（1906）の日本鉄道国有化後は5500形（先輪2、動輪2）が主体となって活躍し、急行用として5600形（先輪2、動輪2）も使用された。さらに、その後は5500形、5600形に代わり6700形、6760形が使用されるようになった。

大正末期には8620形（先輪1、動輪3、炭水車あり）の機関車が導入されるが、昭和初年にC53形が登場すると、C51形が余剰となり高一に転属してきた。昭和9年（1934）に丹那トンネル（熱海駅〜函南駅間）が開通し、東海道線で活躍していたD50形が余剰となり高一へ配置され、高崎線の牽引機として投入された。

昭和11年（1936）には「スーパーナメクジ」と呼ばれたD51形22号機、同23号機も高一に配置された。昭和16年（1941）からはC57形も配置され、C51形とともに主力となった。さらに、昭和20年（1945）頃から客車はC57形、貨物はD50形、D51形、D52形となった。同27年4月に高崎線が電化されると、客車列車の牽引機は電気機関車のEF50形やEF55形などへと代わり、10月には貨物列車の牽引機についてもD50形やD51形からEF15形になった。

上越線は大正10年（1921）に高崎駅～渋川駅間が開通、機関車は2120形が使用された。その後、高崎駅～沼田駅間が開通して5500形（先輪2、動輪2、炭水車あり）に代わり、昭和2年（1927）に水上駅まで延伸されると、一部にC51形が充当された。その後、8620形となったが、上野駅～水上駅間はC51形が直通運転するようになった。同16年に入るとC57形が配置され、急行はD51形、普通はC51形とC57形、貨物には9600形も使われたが、多くはD51形であった。そして昭和22年（1947）4月、上越線の高崎駅～水上駅間が電化され、蒸気機関車からEF12形やEF13形に置き換えられた。

八高線は昭和6年（1931）に倉賀野駅～児玉駅間が開通し、機関車は6700形が使用され、その後C10形となった。昭和9年（1934）10月に高崎駅～八王子駅間が開通すると、8800形が使用された。その後は主にD50形、D51形、C58形、C57形が使われた。昭和45

年（1970）には、9600形、C58形、D51形が牽引していた貨物列車がディーゼル機関車に代わった。

ディーゼル機関車の導入に伴い、高一では蒸気機関車の機関士と機関助士を一定期間乗務から外し、ディーゼル機関車の機関士、機関助士へと転換教育（学科と乗務訓練）をする必要があったため、現場は大変であった。ちなみに私は、この転換教育期間中に新前橋電車区から高一に助勤に行き、機関士として八高線のSL貨物列車を運転した。

高一が受け持つ両毛線は明治22年（1889）、「両毛鉄道」が1Bタンク機関車（先輪1、動輪2、炭水車なし）5両を投入して開業したが、明治30年に「日本鉄道」に買収された。昭和初期には8800形、6700形、8620形、C50形、9600形などを使用した。戦争中は高崎第一機関区のC51形が桐生駅まで乗り入れた。昭和43年（1968）10月に電化されるまで、C50形やC58形が使用されていた。

高一の誇る扇形車庫と転車台

高崎第一機関区は昭和4年（1929）10月に業務量の増加と機関車の大型化に伴い、機関庫の大改良が行われ扇形車庫が誕生、大機関庫となり配置車両も44両となった。

扇形車庫には転車台を中心に16番線まで設けられ、1～5番線には天井クレーンが設置され、6番線までは主に機関車の検査修繕に使われた。転車台は直径20メートルのものが設置されていて、入出区線の1～4番線から機関車を転車台に乗せ方向転換や、扇形車庫の入庫、出庫などに使用されていた。

転車台は機関車が来る線路と、転車台の線路をピタリと合わせてロックする。そして機関車を転車台に乗せ、機関車の転動防止手配が完了するとロックを解除して、転車台に付いている運転室で電気スイッチを入れるとモーターが始動し歯車を回転させ、この動力によって転車台を回転させる。目的の線路まで回転させ、また転車台線路と転車台からおりて行く線路をピタリ合わせてロックして、機関車を転車台から目的の線路に移動させるのである。この時、機関車を動かすのは構内機関士が行い、機関車を合図旗で誘導するのと転車台を操作するのは誘導係の仕事であった。

機関区構内には石炭台があり、石炭線に石炭を積んで来た貨車を留置させ、クレーンを使って石炭台に石炭を積んでおいた。機関車が本線から帰ってくると、集灰坑に火室内に溜った灰を落としながら炭水車に水を入れる作業「給水」を行った。その後、石炭台の下に機関車を移動して炭水車を石炭出口に合わせると、燃料係が上から垂れ下がっている紐を引き、石炭台の上に積んである石炭を落下させいっきに炭水車に積載する。ほんの数秒で、石炭を炭水車に満載に積むことができる近代的な装置があった。3番線と4番線は、給水と石炭を満載した機関車がいつでも出区できる体制で留置しておくための線であった。

高一はお召列車の基地としても活躍し、所属する機関車がお召列車を牽引したこともあった。昭和11年（1936）9月1日、官制改正で高崎機関区となり、同18年10月1日に高崎機関区高操支区が高操駅の東側に設立され、主に電気機関車が配置され。昭和20年（1945）2月1日には支区が独立して高崎第二機関区（略称・高二）に、本区は高崎第一機関区となった。

高一からは入換線によって高崎駅や高崎第二機関区、高崎駅と倉賀野駅間の倉賀野寄りに広大な敷地を有する高崎操車場駅（略称・高操駅）がつながっていて、入換合図や入換信号機によって往復できた。高崎駅の場合、機関区と駅の境界線まで機関区の誘導係が機関車を誘導していき、駅の操車係の合図によって列車に連結し、発車して行くのである。高二や高操駅に行く場合は入換信号機の進行信号を確認しながら入換線を走って行き、高操駅に着くと操車係の合図で貨物列車に連結し高崎駅同様に貨物列車として発車して行った。

私は高一が受け持つ蒸気機関車線区が減少し、近代化が進む中での機関助士見習いであった。それでも、自分の夢に向かって進む決意をして着任した。「いよいよ機関車に乗れるぞ」と思うと胸がはずんだ。しかし、大変なことが待っていた。高一での第1日は乗務員詰所から始まった。ナッパ服に着替えて乗務員詰所に挨拶をして入って行ったのだが、奥でお茶を飲んでいた機関士に、「声が小さい、聞こえねぇぞ。ここにいるのは皆おめえたちの先輩だ。皆に聞こえる声で挨拶しろ」と気合を入れられた。私はビックリして何も言えなかったが内心、「えらい職場に来てしまった」と感じていた。

機関助士見習いとして乗務する前の一週間は、徹底的な投炭訓練を行った。機関区での投炭訓練は養成所の投炭訓練と違って、実際に走っている機関車に乗った場合にどのように投炭すれば効率的に蒸気をあげられるのか、徹底的に教えられた。機関助士科でも週一度の投炭訓練をやってきたが、比べものにならぬほど厳しいものだった。来る日も来る日も投炭練習であった。とくにスコップを焚口戸に突きあて、石炭を下にこぼしたりしないよう、また投炭時間を少しでも短くするよう煩く言われた。

訓練期間中は毎日が日勤で、8時30分から17時30分までみっちり汗を流した。朝早く出勤して乗務員詰所の掃除をし、出勤して来る先輩乗務員と仕事を終えて帰る乗務員にお茶を淹れて顔を覚えてもらった。また、指導員室へ行って掃除し、指導機関士が出勤して来るとお茶を入れた。指導助役と指導機関士が全員出勤すると、私たちは整列して指導機関士から当日の訓練内容と口頭試問を受け、投炭訓練室に行ってその日の日課が始まるのであった。

毎日の投炭訓練で手の甲と手首が腫れあがり、食事の時に箸を持つのが精一杯だった。一週間の訓練期間が終了した日、指導員室に全員呼ばれ整列した。指導助役が立ちあがり、「明日から実際の機関車に乗るが、教導の言うことはよく聞け。何があっても機関車から落ちるな。自分が損をするだけだぞ」と言われた。とても重い言葉であった。

私は気を引き締めて指導員室を出た。いよいよ明日、実際に走る機関車に乗れると思うとやはり嬉しい。その夜はなかなか寝付けなかった。

子どもの頃、信越本線を走る蒸気機関車を見て「自分も乗りたい」と何回思ったことか。また、国鉄職員になるにはどうすればよいのか、いろいろ考えた日もあった。それが明日からは自分が手を振って見送っていた信越本線を走る機関車に、乗務員として乗れるのだ。「父も喜んでくれることだろう」。そう思うと、胸の高鳴りが抑えられなかった。

機関助士見習い乗務

私たちの見習い期間は4ヵ月で、乗務線区は、前半が信越本線、後半が八高線であった。私は所定時間の1時間前には出勤して、機関士と機関助士が出勤して来るのを待った。出勤時間近くになると機関士と機関助士が出勤してきたので、「今日から機関助士見習いでお世話になります田村です。よろしくお願いします」と挨拶した。

教導機関助士が当日乗務する機関車番号の見方や、乗務列車に対するいろいろの注意事項を教えてくれた。たとえば運転時刻の変更、進入・進出線路の変更、運転時分の変更など、あらゆる点についての掲示や、時刻表を見せながら丁寧に教えてくれた。私は夢中で乗務行路や注意事項、変更事項を乗務手帳に書き込んだ。教導機関助士も同じ内容を乗務手帳に書き込んでいた。機関士と教導機関助士にお茶を淹れ、飲み終わると機関士が「さて、やるか」と立ち上がり、当直助役室に入って行った。私も教導機関助士の後について当直助役室に入り、当直助役の前に整列して出発点呼をとった。点呼が終わると、直ぐに教導機関助士と本日乗務する機関車のところに行った。

私が初めて乗務する機関車はD51形５１０号機で、以前はお召列車にも使用されたこともある機関車であった。運転室にのぼると各バルブや火床整理の仕方、点検整備の仕方を細かく教えられた。火床整理とは、機関車が留置中、火床に溜った火室内の石炭粕や灰を火床から下に落として火床を浅く平にして、火室に投炭する石炭が燃焼しやすいように火床を整理する作業である。これがしっかりできていないと、本線に出てから蒸気のあがりが悪いのである。

点検整備と火床整理が済むとバケツに水をくみ、運転室の主要部分、特に機関士が触れる部分を自分の手袋に石鹸を付けてよく洗った。機関士と機関助士の手袋が汚れないようにするためだという。これが終わると、機関士との共同作業が待っていた。砂が出るか、前照灯が点灯するか、ブレーキ作用はどうか、など機関士の指示で大きな声を出しながら確認した。

出区準備が終了すると誘導係が迎えに来て、いよいよ出発となった。機関士が汽笛を鳴らし加減弁を開けると、機関車はゆっくり走りだした。感激の一瞬であった。

初日は信越本線の貨物列車の乗務だった。操車場では方向転換ができないため、機関区を出区すると高操駅までバック運転で入換信号機を確認しながら走った。高操駅は高崎駅と倉賀野駅間の倉賀野寄りにあった。

高操駅まで行くと、すでに組成されてあった貨物列車に連結した。ブレーキ試験が終了すると、機関士が発車まであと10分と言った。機関助士も「発車まであと10分」と応答したので、私も繰り返した。高操駅と横川駅を往復する行路が今日の乗務行路である。高操駅の発車時刻が近づいて来ると、果たして投炭練習したように、うまく投炭できるか心配になり足元が震えてきた。

すると教導機関助士が、「今日は初めてだから、俺が缶《かま》を焚いていくからお前は機関車から転落しないよう、取っ手につかまって俺のやることをよく見ていろ」と言われた。私はほっとして機関助士席の後ろに立って、取っ手にしっかりつかまり、教導のすることを一つも見逃さないよう懸命に見入った。

信号の喚呼応答の位置、どの辺で蒸気を上げて缶水《かんすい》（ボイラー水）をどのくらい保持しなければならないのか。また投炭時機や方法など、覚えることがたくさんある。夢中になって見入っていたら、子どものころよく手を振って機関車を見送っていた場所もいつの間にか通り過ぎていて、横川駅に到着してしまった。

懐かしい横川機関区の転車台で機関車を方向転換して、火床整理を行い帰りの準備をした。帰路は下り勾配が多いので、私に焚火《ふんか》作業をさせてくれた。走る機関車での投炭は足元がふらついて石炭はうまくすくえず、時どき、焚口戸にシャベルを突き当て運転室に石炭をばらまいた。それを見ていた教導が、「初めはみんなそんなものだ。そのうち慣れてうまくなるよ」と言ってくれたので、少し気が楽になった。

翌日も貨物列車で高操〜横川の往復行路であった。通常の出勤時間より1時間ほど前に出勤し、乗務する機関車へ行き火床整理と運転室の各部をよく石鹸を付けて洗った。火室の様子を見ながら乗務員室へ行き、機関士と機関助士が出勤して来るのを待った。

乗務行路や注意事項などを乗務手帳に記入していると、教導機関助士が出勤してきた。お茶を淹れ火床整理の報告をし、「今日は私に焚火をさせて下さい」とお願いすると、「行けるところまでやって見ろ」と言ってくれた。

点呼終了後、機関車に行き出区点検の共同作業を行って出区を待った。所定の時間に出区し、昨日と同じ高操駅で貨物列車に連結した。発車時刻が気になり、何度も何度も焚口戸を開けては火室内の状態を確認した。

高操駅を定時に発車すると、教導機関助士に高崎駅は通過だからあまり黒煙を出さないように注意された。高崎駅を無事に通過し、北高崎駅、群馬八幡駅、安中駅まで順調に来た。安中駅で少し停車時間があったので、缶水を充分に補充して発車を待った。安中駅からは10パーミルの上り勾配、さらにその先は25パーミルの上り勾配となる。何とか横川駅まで自分の手で焚火をして行きたい。

安中駅を缶圧いっぱいの15キロで発車した。途中で給水ポンプを使用して缶水を補充しながら、なんとか磯部駅に到着した。教導が「バックとサイドにみっちりくべろ」とアドバイスしてくれたので、発車直前まで火室のバックと両サイドに投炭した。機関士は私の様子を見ながら汽笛を鳴らし、列車を発車させた。磯部駅は発車直後に上り勾配となり、碓氷川の鉄橋を過ぎると中山道（国道18号）と信越本線が交差する場所まで25パーミルの上り勾配が続く。ここが一番の難所であった。

磯部駅を発車すると、助士席に座っていた教導が缶圧を気にし始めた。私が磯部駅で発車直前まで缶水を補充したり投炭したりしたためか、発車直後に缶圧が2キロ下ってしまったのである。これから難所に向かって行くというのに大変であった。

教導が立ち上がり「後は俺がやって行くからよく見ていろ」と言い、焚火を担当してくれた。不思議なもので教導が焚火すると、缶圧はどんどん上昇し定圧の15キロになった。自分の焚火作業でどこが悪かったのか見当がつかず、ただ未熟さを痛感するばかりであった。

乗務を重ねて行くうちに缶圧はあまり下げなくなったが、投炭した石炭が完全燃焼しないうちにまたそこに投炭する〝くべ過ぎ〟で、火室内の石炭が完全燃焼しないで溶けて固まってしまうことが多くあった。横川駅に到着し、横川機関区に入区すると機関車を転車台に乗せて方向転換させた後、火床整理をするのであるが、火床が固まっていると大変な作業となった。

初めは教導機関助士も手伝ってくれたが、私があまりにも火床を固めてしまうので手伝ってくれなくなった。缶圧を下げないために教導が、「くべろ、くべろ」と言って投炭を指示するのは理解できたが、くべ過ぎで火床が固まるまで「くべろ、くべろ」と指示されるのはなぜだろう。いろいろ考えてみたがいい答えが出なかった。同期生に相談しても、焚火作業はうまくいっていると言う。

投炭訓練で手が腫れるほど練習したのに、なぜ上手く焚火作業ができないのか。なぜだろう、なぜだろうと悩んでいるうちに乗務するのが嫌になってしまった。子どものころ、蒸気機関車が来ると一生懸命手を振った田園の景色も目に入らなくなり、なぜだろう、なぜだろう、と悩み悩んでいるうちに、信越本線での見習い訓練が終了してしまった。

続いて、八高線での見習い乗務訓練が始まった。八高線は信越本線で教えてくれた教導機関助士ではなく、新しい教導機関助士と乗務することになった。新しい教導は横川機関区で当直助役をしていて、「何かあったら俺のせがれに相談しろ」と言ってくれた方の長男であった。全くの偶然である。横川機関区時代の思い出話をすると、横川機関区のことは何でも知っていて話がはずんだ。

私はこの教導なら何でも話せると思い、信越本線に乗務し、悩みに悩んだことを相談してみた。教導は、「お前は火室の中をよく見て投炭したのか。石炭は燃焼しきった場所に投炭し、燃焼している場所は燃えきるのを待って投炭すれば蒸気はよくあがるし、火床が固まるようなことは絶対にないはずだ」と教えてくれた。

蒸気機関車のエネルギー源となる石炭は、これから大量の蒸気を必要とする時（発車前）と、蒸気を消費しながら運転している時（力行運転中）を中心に投炭する。焚火作業直後は黒煙が出るが、石炭が燃え上がると色は薄くなっていく。上り勾配では連続して投炭することもあるが、ただたくさん投炭すればよいというものではない。投炭した石炭が白熱状態で勢いよく燃え、完全燃焼させ燃焼効率を上げることが缶圧の上昇につながるのである。これには火室内の状態をよく把握し、完全燃焼している火床に適量の石炭を投入することが大切であった。

火室内の通風も一様でないので、通風の強い部分には多く投炭し、弱い部分には少なめに投炭しなければならない。したがって、火床の後部は通風が強いので厚くして、両脇がその次、中央から前方は通風が比較的弱いので薄くする。信越本線に乗務している時は、これが分かっていなかった。「くべろ、くべろ」と言われてやみくもに投炭し、よく燃焼している場所と燃焼していない場所ができ、不完全燃焼の石炭が溶けて固まり、火床整理に苦労したのである。

八高線で乗務を始めてやっと理解できた。すると焚火作業にも余裕ができ、機関助士見習い作業も楽しくなってきた。乗務が終了すると投炭訓練場に行き、投炭訓練をして汗を流してから帰宅する日々が多くなった。

11月下旬になると、機関助士登用試験（学科及び実技）があり、仲間全員が合格して12月（昭和37年）1日付けで機関助士に登用された。

高操駅の入換機関車に乗務

機関助士に登用されたものの、すぐに本線の列車に乗って機関助士の仕事をするわけではなかった。

新米の機関助士は、主に高操駅で貨車の入換作業をする９６００形や、分解作業をするＤ50形やＤ51形に乗りながら、機関区構内に留置してある機関車の保火業務を担当した。

高操駅は第二次世界大戦中の昭和18年（１９４３）に、高崎駅の狭い構内での入換作業が行き詰まり、その打開策として開設された操車場であった。

だが、高操駅と言っても一般的には馴染みが薄いだろう。旅客駅が国鉄の表玄関であるのに対し、貨物駅は人の目にふれることが少ないからだ。

高操駅は、旅客を扱う通常の駅とは違い、貨物を本線から支線へ、支線から本線へ輸送する場合、たとえば高崎線から両毛線へ行く場合など、旅客であれば高崎線ホームと両毛線ホームに歩いて乗り換えられるが、貨物だとそうはいかない。

貨物の行き先は個々に違っているので、まず関西や九州など方面別に集めて列車として組成して目的地まで運ぶ。この列車を組成したり、分解したりする拠点が高操駅なのである。したがって全国の主要駅近くには、必ずこうした操車場があって、貨物の発着、行き先に応じた振り分け作業を行っていた。

高操駅には、高崎線、信越本線、上越線、両毛線、八高線の各線が乗り入れていて、貨物の入換作業も複雑であった。

たとえば、大宮操車場駅を出た貨物列車が高操駅に到着すると、牽引して来た電気機関車を切り離す。すると、下り運転という職場の職員が、貨物の行き先別に貨車のブレーキホースを解放する。そこへ分解作業使用の、力あるD50かD51機関車が50両からの貨車を連結してバック運転で引き上げる。

ハンプという、引き上げ線から下り坂になっている扇状の各線（群線という）の手前まで貨車を押して行くと、分解職場の職員が連結器を切り離して貨車の行き先別に振り分けていく。すると、群線にたまった貨車を上り組成や駅別の機関車が逆方向から引き上げ、線区別、駅別に組成して貨物列車に仕立てるのである。

高操駅には下り組成、上り組成、駅別、分解で入換をする4台の機関車が一昼夜動きつづけていた。操車係の手腕によって入換作業が長くなったり、短くなったりもした。機関区から出区し高操駅に行くと、当日担当の操車係が機関車を迎えに来る。作業効率の悪い操車係だと機関士が「おい、今日は駄目だ、あきらめろ」と言った。そんな時は、それとなく操車係の顔を見ながら機関士側に行くと、機関士が小さい声で「今日はゆっくりやるべぇ」と言うと、私も「そうだねぇ」と応え、機関士はゆっくりと加減弁を開け作業が始まる。

入換作業の中で一番きつい作業が、上り組成の日勤仕業「入5仕業」で、一番眠くて辛い作業が「入8仕業」であった。入8仕業では夜の遅い時間に出勤して、朝の7時過ぎまで休み無しで入換作業をした。眠くても眠っている暇もなく、高崎第一機関区に入区するとグッタリした。季節によって貨物列車が運休になると、少しだけ休憩時間が発生した。そんな時は車掌の乗る緩急車のダルマストーブに火を入れて、車内を暖め椅子に横たわることもあった。

日勤の「入5仕業」は昼食時間の休憩だけで、あとは休み無しで入換作業を行った。途中で炭水車の水がなくなることもあり、入換作業を中断して高崎第二機関区に入区して炭水車に給水し、また高崎操車場に戻って入換をするような事態にもしばしば見舞われた。

そんな時は、炭水車に積まれている石炭もすくい口から出なくなるので、給水中に炭水車の上に上って石炭をかき寄せなければならなかった。高崎第二機関区の構内は架線が張られており極めて危険な作業であったが、やらないわけにはいかなかった。

夏になると、汗でナッパ服がびしょびしょになった。入換機関車の焚火作業を続けていると脱水状態になって汗が出なくなる。すると、熱さでナッパ服が乾いて背中に塩が噴いた。

高操の入換機関車は分解のD50形、D51形を除いて、すべて空転の少ない9600形の機関車を使用していた。この機関車には特徴があった。機関車の速度を加減する加減弁引き棒がボイラー内を通って蒸気分配箱から外に出ていたので、加減弁の開閉でパッキンが摩耗し、引棒とパッキンの間に隙間ができて蒸気が漏れ出すことがあったのである。それが熱湯となって焚口戸のところにたれてきて、焚火作業中に火傷をする事故がしばしば発生していた。

蒸気が漏れないよう、パッキンの締め付けボルトを強く締め付けると隙間がなくなり蒸気はもれなくなるが、逆に加減弁の開閉がかたくなり入換作業が長時間できなくなってしまう。そこで、多少のやけどは覚悟して焚火作業に取り組んだ。

D51形やC58形の機関車は、加減弁引棒が蒸気溜内にある加減弁の開閉ベルククランクから軸を使いボイラーの外に出しクランクで加減弁引棒と結ばれ、引棒はボイラー外で運転室までのびていたので蒸気漏れの心配はなかった。

入換機関車の乗務は大変なことが多かったが、保火業務よりは楽しかった。保火業務は機関区内に留置している機関車の缶圧を下げないよう、火室内の火を保ち、缶水を減らさないよう2人1組で行うという業務で一昼夜勤務であった。

運転業務を終えて、入区して来る機関車の溶栓を点検し、その機関車が機関区構内の留置線に留置されると缶水を補給し充分な保火を行った。また、火を落として検査修繕をした機関車に枕木をいっぱいくべて点火し、缶圧を上げていつでも走れる状態にする作業もあった。機関区内での一昼夜勤務であったので、作業の合間に2人で相談しながら飯合で飯を焚いて食事づくりをするのも楽しみの一つであった。

入換機関車の脱線事故

機関助士になって、1年程が過ぎたある日のことである。高操駅で分解作業担当（入10仕業）のD50形に乗務していた時だった。下り貨物列車が到着し、牽引してきた電気機関車が高崎第二機関区に入区したので、到着した貨物列車にD50形を前部に連結した。

操車係より「引き上げ線に引き上げ」の通告を受け、機関士が「引き上げ線に引き上げ」と応答をした。私は引き上げ線の進路を確認し、機関士に「引き上げ線進路よし」と通告した。引き上げ車両は50両くらいあった。

機関士が汽笛を鳴らし、加減弁を開けるとD50形は引き上げ線に向かって走り出した。機関士が加減弁を開け増しすると、機関車は力強くどんどん速度を上げていった。私は機関車がバック運転であるため、進行方向である引き上げ線の進路を注視し、機関士は操車係の合図を確認しながら機関車を操縦した。すると突然、進路のポイントが脱線方向に切り替わった。私はビックリして機関士に「赤、赤」と怒鳴った。機関士もビックリして、すぐに加減弁を閉め非常ブレーキ手配をとった。

しかし、50両近くの車両を引き上げている最中のできごとであり、加速した機関車が急に止まるわけがなく、脱線ポイントに乗り上げ、大音響をたてて脱線してしまった。私は機関士席の後ろの窓枠にしっかりしがみつき、機関車から振り落とされるのを防いだ。

機関士は真っ青になり、「何があったんだ」と怒鳴った。私が「途中転換です」と応えると、機関士は信号所に走って行った。私は近くにあった運転事務所の電話を借りて機関区の当直助役に、「入10仕業ですが、いま下り線から引き上げている最中に途中転換され、機関車が脱線してしまったので誰か来て下さい」と連絡した。

連絡を終えて機関車に戻ると、機関士も機関車に戻ってきたので、「機関区に連絡しました」

と言った。機関車がだんだん傾いてきたので、運転室にあったカバンを急いで取りだした。機関士に途中転換の様子を話すと、機関士が「信号所で勘違いして、進路操作をやったらしい」と言った。操車場の職員がだんだん機関車の周りに集まり、騒がしくなってきた。そこへ機関区から指導助役と、指導機関士が自転車で駆けつけてくれた。

私と機関士は、それぞれ指導助役から事情聴取を受けた。私は下り線に到着した貨物列車に、機関車を連結してからの事情を詳しく説明した。指導助役は「よく引き上げ線の進路を見ていたな、お前が赤、と言わなければもっとすごい脱線事故になっていたぞ。ご苦労さんだったな」と言ってくれた。

私は入換機関車に乗務する時の機関助士の任務、「バック運転に対する進路確認と前途注視」がしっかりできていたことにほっとした。仕事の途中であったが機関区に戻り、機関士が状況報告を書き上げるのを待って、その日は勤務終了となった。

八高線に機関助士として乗務

機関助士になって1年が過ぎると、先輩機関助士が機関士科や電車運転士科に異動となり、また後輩の機関助士ができたので、私たちは八高線の機関助士として乗務することになった。

当時、八高線で使用されていた機関車は、D51形とC58形であった。

本線乗務は機関助士見習い時代に体験していたものの、入換機関車の乗務と違って、出発信号機や場内信号機のほかに閉塞《へいそく》信号機、遠方信号機があり、中継信号機や進路表示機も附設されている箇所もあった。

信号の確認は焚火作業と合わせて、機関助士にとって重要な任務であった。信号機の確認喚呼や前途確認喚呼は大声を出して行い、焚火作業中であっても、焚火作業を一旦止めて必ず確認を行う秒単位の密度の濃い作業であった。

機関士には機器の取り扱いが丁寧で静かに運転する人や、機器扱いが荒っぽく発車の時や上り勾配で時どき空転させる人もいた。機関助士にとって、機器扱いが丁寧で静かな運転をする機関士と乗務すると焚火作業は楽で、1日の石炭使用量も少なく余裕を持って焚火作業ができた。機関助士にも焚火作業の上手な人、下手な人がいて石炭の使用量にも差ができた。石炭の使用量については誰からも文句を言われることはなかったが、使用量が少ないと乗務終了後、何となく気持ちがよかった。

交番（勤務表）の組み合わせで2～3ヵ月も一緒に乗務することがあると、相手のいろいろなことが分かり文句も出た。あの機関助士は蒸気上げが下手だとか、あの機関士と乗務していると運転が上手いので焚火作業が楽であるとか、裏話は絶えなかった。

私は一人前の機関助士として、機関士が安心して列車を運転できるよう、細心の注意をはらって焚火作業に取り組んだ。機関士が運転上必要とする時には充分な蒸気を作ってやり、助士側のカーブなど、機関士側から前方が見えづらい時は絶対に焚火作業はしないで前方注視をするようにした。信号確認も同じである。乗務回数が増すと、機関士が「田村君と一緒に乗っていると安心で余分な神経を使わなくてすむよ」と言ってくれるようになった。そんな一言がたまらなく嬉しかったものだ。

機関車にも個性があり、蒸気の上がりがいい機関車や、上がりの悪い機関車といろいろあった。機関車に合わせた対応が必要であった。積載されている石炭にも違いがあり、粉炭の多い時、塊炭《かいたん》であってもカロリーが少ない時など缶圧の上昇に大きな差があった。

蒸気の上がりの悪い機関車に乗務して、さらに石炭も悪いと多量の汗をかいてナッパ服の背中には塩が噴き出た。しかし、上がりが悪いからと嘆いているわけにはいかない。機関士には充分な蒸気を作ってやらなければならない。機関助士として最も手腕が試される乗務となるのである。

八高線に乗務して1年ほど過ぎた冬であった。511仕業といって、早朝に高操駅から発車する貨物の1番列車であった。C58形の機関車に乗務して、寄居駅に定時に到着した。寄居駅で到着後に行う入換作業が終了し、セメント材料となる石灰石を積んだ貨車6両に連結し上り本線に据え付けた。

　発車時間まで間があったので、ホームの事務所でお茶をご馳走になった。お茶を飲みながら機関士が、「今日は霜がたくさん降りているし、6つの30の定数だと神経を使うな」と言った。私は嫌な予感がしたので、早めに機関車へ行き発車準備を入念にした。

「6つの30」とは、25パーミルの上り勾配をC58形が牽引できる列車重量は、貨車が6両、積載重量は300トンが限度であることを示した隠語だ。この朝の貨物は、6両で牽引重量いっぱいであった。D51形の機関車だと、9両で450トンとなる。

　寄居駅を発車して、荒川の鉄橋を渡ると左カーブとなり、25パーミルの上り勾配が始まる。初めの勾配を上りきる場所に、半径250メートルのカーブがある。そこが第一の難所である。そこを上り切って折原駅を通過すると、次の25パーミルの上り勾配が始まり、その頂上にまた半径250のカーブがあり、第二の難所であった。

　発車時刻が近づくと、機関士が機関車に戻って来た。駅の助役も通票を持って機関車に来たので、私は通票を受け取り「通票四角よし」と確認し機関士に渡した。機関士も「通票四角よし」と確認し、通票掛けに掛けた。通票とは次の駅までの通行許可証。1区間に1列車しか入れないようにして安全性を確保する仕組みを「閉塞」と言うが、その通票は駅によって異なり、四角であったり、丸であったり、三角であった。

発車準備は万全だ、「何時でもいいよ」と言うと、機関士は「よし、行くぞ」と大きな汽笛を鳴らし、加減弁を開けた。機関車はゆっくり走りだした。線路の上は霜で真っ白だった。荒川の鉄橋を渡り、25パーミルの上り勾配にさしかかった。缶圧《かんあつ》もパンパンの定圧で今にも安全弁が噴き出しそうである。順調な走りであった。ところが、第一の難所である250のカーブにさしかかった所で空転が始まった。機関士は砂を撒いて加減弁を閉めたり、開けたりしたが列車の速度は落ち、ついに止まってしまった。

機関士は真剣な顔をして何度か再力行を試みたが、そのたびに空転して再力行できなかった。機関士が私の顔を見て、「駄目だ、少し下がってやり直すぞ」と言い、ブレーキを緩めて退行を始めた。退行では逆に25パーミルの下り勾配となる。列車の速度がだんだん速くなった。機関士は非常ブレーキ手配をとったが、ブレーキ菅に圧力空気が充分でない状態での非常ブレーキ手配であったので列車は止まらず、荒川橋梁まで退行してしまった。

機関士は慌てていたが、私は火室内の状態を確認し、バック（火室の手前）とサイド（火室の両脇）に集中的に投炭し、何時でも再力行ができるよう準備した。列車のブレーキが緩むと機関士が「行くぞ」と声をかけ、加減弁を開けた。機関車は加速しながら1000分の25の坂を上りはじめた。機関士は逆転機をあまり引き上げないまま加減弁を開け増し、一気に難所を上りあげた。

折原駅は速度を上げたまま通過し、次の難所も制限速度いっぱいで上りあげた。通常でこんな運転をされたのでは、機関助士はたまったものではないが、上りそこないをして列車を遅らせてしまったので文句を言うわけにはいかない。次の竹沢駅も制限いっぱいの速度で通過し、次の停車駅である小川町駅に何とか到着した。

小川町駅では停車時間があったので丁寧に火床整理をして、発車時刻を待った。機関助士になって初めての体験であった。

それから、私は何人もの機関士と乗務したが、悪条件の中でもあまり蒸気を使わずゆったりと25パーミルの上り勾配を上って行く機関士もいれば、空転を怖がって勾配のはじめから多量の蒸気を使い、速度を上げながら勾配を上り切る機関士もいた。運転方法について機関助士の立場でつべこべ言うわけにはいかないが、後者のような機関士と乗務した時は機関助士は焚火作業に汗を流した。

機関助士の話題と保安装置

前述のとおり、給料は分割で月に二回支給された。当時の給料は現金支給であったので、勤務でない機関助士科の仲間たちは給料日なると機関区にもらいにやって来た。給料が支給されると、高崎の繁華街に出掛けパチンコで遊んだり喫茶店に立ち寄ったりした。喫茶店に入るとコーヒーを飲みながら、いつも話題となったのが交番で同乗している機関士の運転方法であった。交番で同乗とは、3ヵ月位はいつも同じ機関士と乗務することである。機関士の運転方法や対応方について、自分たちの焚火技術はさておいて情報の交換をした。

機関助士の立場で物事を見ているので、焚火作業が楽になる運転をする機関士が「運転のうまい機関士」となった。例えばA駅からB駅を通過しC駅まで運転する場合、B駅まで上り勾配、その後下り勾配となりC駅まで運転する場合、上り勾配では蒸気の使用量を最小限に抑えてゆっくり上り、下り勾配になると速度をあげて制限速度いっぱいで走り、定時運転をする機関士は運転がうまい機関士で、その逆の運転方法で運転する機関士は蒸気の使用量が多く焚火作業が大変であったので、交番で一緒に乗務したくない機関士であった。

当然、両者の中間で運転をする機関士もいた。こういう機関士は性格や対応方が話題となった。喫茶店では「今、俺が交番で乗っている機関士は寄居の坂をリバー45（逆転機の締め切り率）のチェスト14キロ（シリンダー圧力）で速度をあげて上っていくので、「焚火が大変で同乗するのが嫌になった」とか、「俺の機関士は上り勾配になるとリバーとチェストを早めに決め、煙草に火をつけて一服しながらのんびりと上って行くので焚火作業は鼻歌さ」とか、「この間、俺の機関士は511仕業（寄居駅から石灰石を積んだ貨車を定数いっぱい牽引して行く仕業）で、寄居駅で発車準備（石炭を火室に投炭し缶圧を定圧にする）をしている最中、勝手に汽笛をならして加減弁を開けて発車しやがった。あの機関士は性格が悪いから、一緒に乗務したら気をつけろ」などと、いろいろな情報を交換しながら機関士の運転方法を褒めたり批判したりした。

私は、上り勾配でもあまり蒸気を使わず、ゆっくり上っていく機関士と乗務した時は、焚火作業をしながら機関士の後ろに立って、機器扱いの違いを観察させてもらった。すると少しずつ、蒸気機関車の運転技術の奥の深さを感じるようになった。

乗務しながら焚火技術や精神的強さを鍛えてきたが、私は機関助士をやっていて、もう一つ保安装置ATS（自動列車停止装置）の重要性を身にしみて感じた。蒸気機関車にも取り付けられたこの装置も、列車事故防止を担っていた。

列車が停止信号に接近して地上子を通過すると、リリンと警報ベルが鳴って注意を促す。機関士が確認ボタンを押してブレーキ手配をとらないと、自動的に非常ブレーキが働き、列車が停止するという保安装置である。機関士の中には、停止信号で警報ベルが鳴動すると、ブレーキ弁ハンドルを「重なり位置」にもっていき「確認ボタン」を押すのが面倒だ、と言って文句を言う人もいた。そんな光景を見ながら私は、三河島事故で世論の突き上げがあり、国鉄が多額の経費を使ってやっと取り付けた保安装置なのにな、と思ったものだった。

機関助士科入所中に起きた三河島事故。この保安装置が事故の前に取り付けられていたなら、三河島事故は起きなかったであろうと思うと、誠に残念でならない。

機関士と機関助士の組み合わせ

交番で乗務する機関士と機関助士の組み合わせは、指導助役が指導員（指導機関士）と相談して決めていた。ベテラン機関士には若手の機関助士と組ませ、荒っぽい運転をする機関士にはおとなしい機関助士というように、日頃から指導員が機関車に添乗しながら機関士と機関助士の組み合わせをチェックして指導助役に報告し、指導助役は添乗報告を参考にして組み合わせを作り、月末になると乗務員詰所に貼りだした。

これを見て私たちは一喜一憂し、同乗する機関士と顔を合わせると、「来月から宜しくお願いします」と挨拶を交わした。高崎操車場での入換機関車に乗務していた時は、交番が変わるたびに機関士も変わったが、八高線に乗務するようになると、交番で乗務する機関士は若くて荒っぽい運転をする機関士に限られていた。

機関助士から一番嫌われる運転をする機関士は、前述したが「上り勾配の初めから蒸気を多量に使って速度を上げながら勾配をのぼって行く運転」をする機関士である。荒っぽい運転をする機関士は、発車の時や上り勾配で空転させたりすることが多いので焚火作業にも神経を使った。

なぜ私は交番で、若くて荒っぽい運転をする機関士とばかり一緒に乗務させられるのか考えてみた。私は高操で入換機関車に乗務していた時、どんな機関士と交番で乗務しても文句一つ言わなかった。指導助役はそこをよく見ていたのだ。今となっては遅いが、入換機関車に乗務していた頃、指導助役に一つや二つ文句を言っておけば、こんな交番で乗務しなくてすんだのにと思った。

しかし、本線乗務中に機関士と機関助士が喧嘩して、列車遅延でも発生させたら大問題になる。指導助役は交番づくりに神経を使っていたに違いない。

交番で荒っぽい運転をする機関士と乗務したことで、寄居の坂を上りそこない、機関士が慌ててブレーキ菅に圧力空気を充分込めないまま退行を始め、速度が上がり非常ブレーキを使用したもののブレーキ効率が悪く、列車は止まらず荒川橋梁まで退行してしまうという怖い体験もした。

交番で乗務している機関士が年休をとって休むと、ベテラン機関士と乗務することもあった。ベテラン機関士は機器扱いも丁寧で、静かな運転をして列車を定時で走らせた。私はどこがどのように違うのか、速度計や機器の取り扱いを見ながらベテラン機関士の運転技術を学んだ。

そしていつの日か、私もこんな運転ができる機関士になりたいと思ったものだ。

職場に森繁久彌さんと三木のり平さんがやってきた

話は変わるが、昭和38年（1963）に横川機関区の現役機関士、清水寥人氏が書いた小説『機関士ナポレオンの退職』が、昭和40年（1970）に東宝で『各駅停車』というタイトルで映画化された。

その年の6月に高崎第一機関区でこの映画のロケが行われた。私はロケの当日が勤務であったので、出勤時間に遅れないように機関区に出掛けた。すると、機関区内でのロケはすでに始まっていた。出勤時間が近くなったが、ロケ中であったので乗務員詰所に入るのを躊躇していると、ロケの担当者が「いつもどおりにやって下さい。自然の姿を撮影したいので」と言ったので、私は乗務員詰所に入った。すると、機関士役の森繁久彌さんと機関助士役の三木のり平さんがナッパ服を着て長椅子に腰を掛け、テーブルを挟んで向かい合い何やら話をしていた。

私は当直助役に出勤の挨拶をして、ナッパ服に着替えた。当直助役室から時刻表を持って来て、隣の長椅子に腰を掛け乗務手帳に乗務行路や注意事項を記入していると、本番の撮影が始まった。すると機関士役の森繁さんが「さぁーて、やるか」と言って立ち上がり、機関助士役の三木さんも立ち上がった。

私は座っている時にはあまり感じなかったが、森繁さんがナッパ服を着て、左腕に機関士の腕章をつけて立ちあがった姿は、実に落ち着きがありベテラン機関士の風格を感じた。森繁さんは時刻表と乗務手帳を片手に持ち、ゆったりとした歩調で当直助役室に向かった。その後からちょこちょこ付いて行く三木のり平さんの姿を見て、ベテラン俳優はすごいなと思った。

実際の機関士と機関助士であっても、これほど息の合った所作はとれない。当直助役との点呼姿は見ることができなかったが、点呼を終えて当直助役室から出てきた森繁さんは胸をはって自信に満ちた機関士姿であった。

当区でもこんなに堂々とした態度で、当直助役室から出て来る機関士がいるだろうか。一流俳優の演技力のすごさを実感した。機関区内でのロケは3日間続いたが、私が見たのはこの時だけだった。森繁さんは、このロケ中にマッチ棒で書いたと言われている長い詩を、高崎第一機関区に残してくれた。

組合活動の思い出

昭和36年（1961）9月1日に私は国鉄職員となり、横川機関区の整備掛となった（前述）。するとその時、横川機関区の組合支部に呼ばれ、支部長より組合加入を勧められた。

組合のことはあまり知識としてなかったが、整備掛となった5人の同期生と相談して加入した。加入した組合は、横川機関区の一般職員全員が加入していた動力車労働組合（動労）であった。横川機関区に勤務していた頃はこれといった組合活動はなかった。

高崎第一機関区へ機関助士見習いとして転勤し機関助士となった。機関助士になると業務に少し余裕ができたので、組合の青年部が行っていたスキー教室やハイキングに参加した。他組合との交流会なども盛んに行われ、友達もたくさんできた。

機関助士になって1～2年が過ぎた頃から、組合活動にも少しずつ変化があらわれた。それまでは、高崎第一機関区の将来展望などが話題の中心であったが、ストライキの話が職場の中で盛んに語られるようになった。国鉄職員にスト権は与えられていなかった。そして、ついに組合と国鉄当局との団体交渉がうまくいかず、ストライキが決行されることになった。違法ストである。

ストライキ決行予定日の前日に、徹夜での乗務を終えて終了点呼に行くと、職場内は異様な雰囲気であった。組合と国鉄当局の間で乗務員の奪い合いが始まっていた。終了点呼が終わり翌日の勤務を確認すると、当直助役の後ろに座っていた区長に、ストライキに参加しないで私たちの指示に従うよう説得された。乗務した機関士と一緒に「分かりました」と応えて乗務員詰所に行くと、今度は組合役員から今晩決起集会を行うので必ず参加するよう要請があった。ここでも「分かりました」と返事して私は職場をあとにした。

途中で食事をして午後2時頃、自宅に帰ると、兄が田植えの準備をして待っていたので、すぐに田んぼに出て田植えを始めた。しばらくすると、首席助役と指導助役がわざわざ私の家の田んぼまでやって来た。

首席助役が、「今ストライキに参加しない乗務員を旅館に収容しているところです。多くの乗務員が旅館に集まっているので、田村君も私たちと一緒に旅館まで来てほしい」と言う。私は「今日中に田植えを終わらせる必要があるので、申し訳ないけど旅館に行くわけにはいかない」と断わった。

首席助役は、「そうですか」と言って帰って行った。それにしても、よく田んぼの場所が分かったものだ、と思った。きっと近所の人に聞き回って来たのであろう。私としては、国鉄利用者の足を奪う違法ストには賛成できなかった。しかし、職場や労働環境を改善する多少の要求を通すための、最終的な手段としてのストライキは止むを得ないとも思っていた。一部の過激派を除いて、違法ストに参加した多くの仲間も私と同じ思いであったであろう。

私はストライキの当日が公休であったので、夕食をすませると路線バスに乗って高崎に行き、機関区で行われた決起集会に参加した。集会が終了すると、ビラ貼り行動が実施された。横10センチ、縦30センチ位のビラには組合が要求している項目が印刷されていた。このビラを更衣室の自分のロッカーや、各詰所の窓ガラスに貼った。

午前0時からストライキに突入したが、短時間で中止となった。ストライキ中に高崎操車場では入換機関車が動いていたという情報が入り、誰が運転したのか決起集会に参加した仲間の間で話題となった。また決起集会に参加しないで、旅館に行ったと思われる人たちの名前もあがった。このストライキでは、国鉄当局が旅館に収容した乗務員や管理職によって列車を動かし、夜行列車も少しの遅延が発生しただけで列車が止まることはなかった。

組合運動が活発になってくると、組合支部から動員通知がくるようになった。動員通知とは、「何月何日に何処で何々集会があるので参加して下さい。高崎発何時何分の列車の最後部に乗車すること」などと書かれた文書で、組合支部の役員が組合員の勤務表を見て特別休日や公休日の人たちに通知を出していた。組合運動に積極的に参加させようとする通知であったので、動員通知を受け取るとなかなか断われなかった。

ある年の5月1日、私に「東京の代々木公園で行うメーデーに参加して下さい」との動員通知が来た。指定された列車に乗り、10人ほどの仲間と共に代々木公園に向かった。動力車労働組合旗が掲げてあったところに行くと、各地方本部から動員された組合員が300人ほど集まっていた。

あたりを見回すと、1万人を超すと思える人たちが集まっていた。総評をはじめとする組合組織の代表や国会議員の挨拶が終えると、組合旗やプラカードを掲げて駅に向かってデモ行進が始まった。私たちの組合はわりと早めに代々木公園を出発した。メーデーの参加者が多かったせいか足早の行進であったが、私たちの組合集団は、交差点にさしかかるとジグザグ行進しながらゆっくりと交差点を渡った。それを見ていた機動隊からは拡声器で、「ジグザグ行進はやめて早く交差点を渡りなさい」と何度も注意された。

私たちの集団は交差点を渡るたびにこれを繰り返し、交通渋滞を引き起こした。ついに機動隊が交差点内に突入してぶつかり合いとなり、私たちの組合集団は散り散りばらばらとなり逃げるように駅に向かった。

帰りの電車の中で私は組合責任者に、「うちの組合はなぜ交差点であんな歩き方をするのか。交通渋滞が起きて警察の怒りを買うのはあたりまえだ」。と尋ねた。責任者は、「東京の青年部は過激な組合員が多いから仕方ねえよ」と応えた。

私は「あんなデモ行進のやり方をするなら、東京のメーデーには参加しないで地元のメーデーだけに参加すればいいではないか」と言うと、「そうもいかないよ」と言うので、この話は終わりにした。何ともあと味の悪いメーデーであった。

そして、こんなこともあった。仙台の東北鉄道学園機関士科を修了して高崎第一機関区に戻ると（後述）、乗務員会の委員になった。乗務員会とは組合組織の中で職域ごとに細分化したもので、他に検査分会、検修分会、事務分会などがあった。

乗務員会の会員は全員が乗務員で構成され、第一機関区の中では最も大きな組織であった。乗務員はＳＬ組とＤＣ組に分れていたが、活動そのものは合同であった。

ＳＬ組には八高組（ベテラン組）と高崎操車場の入換組（若手組）、高崎駅構内の入換組（長老組）があった。ＳＬの八高組には甲一組と甲二組があり、甲一の方が甲二より早出（朝早く出勤）の行路が多いとか、重い列車が多いとか、ダイヤ改正ごとに苦情が出た。ダイヤ改正の前には、乗務員からいろいろ意見を聞き、行路の入換をしたりしてバランスを取ってきたが苦情は絶えなかった。

私が委員となって初めてのダイヤ改正にぶつかり、交番検討委員会が開かれた。交番とは勤務ごとに乗務行路が決まっていて、この乗務行路を組み合わせて四週間でひと巡りする勤務形態である。私はこの検討委員会で、ダイヤ改正のたびに発生する苦情について意見を述べた。

すると乗務員会長から、「田村君、何かいい方法があるかね」と問われ、私は会長に「甲一と甲二の行路を入換ているだけでは、どうしてもアンバランスが生じるので、一旦行路をバラバラにして、列車ごとに重い列車、軽い列車、朝早く発車する列車、夜遅く到着する列車等に分け、バランスをとりながら行路を作り直したらどうか」と発言した。すると、「それはいい考えだ。田村君、それをやってみてくれないか」と会長に言われてしまった。会長は今までに甲一、甲二組に乗務してアンバランスな行路を知りつくしていた。私は「えっ」と思ったが、発言してしまったことだ、仕方ないと思い「少し時間を下さい。やってみます」と応えた。

委員会が終了すると、ダイヤ改正後の八高線ダイヤ表を持って来た会長から、「よろしくお願いします」と頭をさげられてしまった。私は「分かりました、やって見ます」と返事してダイヤ表を持って帰宅した。

家に帰ると、今までの八高線での乗務体験を元に、重い列車、軽い列車、発車時間の早い列車、到着の遅い列車、途中で入換のある列車など、いろいろな条件を加味しながら分類して表にした。この表の中から、同じような条件を持った列車を「甲一」と「甲二」に振り分けると相対的なバランスがとれた。これを基にして勤務時間を調整しながら甲一、甲二の行路を作成してみた。最も神経を使ったのが勤務時間であったが、バランスよくうまくおさまった。数日が過ぎ、ダイヤ改正に伴う交番検討委員会が開かれたので、私が作った行路表を各委員に配布して意見を求めてみた。

委員から、「行路をバラバラにして、よくバランスよくまとめたな。この行路なら甲一も甲二もない。いい交番ができた」と、ねぎらいの言葉が出たので私はほっとした。乗務員会長も、「いい行路ができた、ありがとう。これで苦情もなくなるだろう」と喜んでくれた。

私は重い肩の荷をようやくおろした気分だった。委員会を終え外に出ると、両手を広げ大きく息を吸い込んだ。

第3章

あこがれの機関士乗務

機関士科実習で出区点検をしている筆者。仙台運転所・SL 庫は昭和 40 年代前半まで使われていた

機関士科実習の様子。仙台運転所の転車台前での一コマ。筆者は後列右

中央研修センターから、本来の職場である高崎電車区に戻った直後の筆者。仕事でもプライベートでも充実した日々を過ごしていた

機関士科受験のチャンス到来

八高線の貨物列車に乗務して2年近くが過ぎた頃、先輩の機関助士たちが機関士や電車運転士になった。そしていよいよ我われにも、経験年数により機関士科を受験できる資格が与えられた。小さい頃からの夢であった「蒸気機関車の機関士」になるチャンスの到来が目前に迫っていた。いつ機関士科の試験があってもいいように、私は通信教育で受験勉強に取り組んだ。

当時は電車運転士科の試験は定期的にあったが、機関士科の試験はいつあるのか、全く見当がつかなかった。上司からは、これからは電車の時代だから機関士科の受験にこだわらず、電車運転士科の試験を受けるようにも勧められていた。

高崎第一機関区（高一）の受け持ち線区を見ても、どんどん電化が進み、蒸気機関車の牽引列車は減少するばかりであった。こんな状況の中で機関士科を目指していて本当にいいのだろうか、自問自答を繰り返してみたが、やはり一度は機関士科の試験を受けてみたい。その一途な気持ちは変わらなかった。

機関士科に合格するには、自力で頑張るしかない。「ここで頑張らなければ機関士になれないのだ」と自分を励ましながら、機関士科の受験勉強をした。

昭和41年（1966）8月、待ちに待った機関士科の試験が実施される。募集人員は高一で

1名のみであった。これほどまでに募集人員が少ないのは、受け持ち線区の電化やディーゼル化が既に進んでいたのと、機関士の退職者が少ないことが要因だった。受験資格は、機関助士経験が2年9ヵ月以上であったので、私にも受験資格があった。私は機関助士科の同期生一人一人に受験しようと誘ってみたが、募集人員（＝合格者）が1名では話にならないと受験する仲間はいなかった。

確かに「高一で合格者が1人のみ」は雲を掴む話にも感じられたが、またとないチャンスである。私は1人でも受験する決意をした。それ以前の受験資格は古参助士を救済するため、機関助士経験を10年以上とか5年以上に制限していた。そのため、受験することができなかった。それが、今度はその制限が解除されている。その意味でも大きなチャンスであると言えた。

機関士科の試験科目は、鉄道一般、運転法規、技術（蒸気機関車）、数学であった。私は、通信教育で鉄道一般と技術を受講し終了試験に合格していたので、機関士科の試験はこの2科目が免除となり、運転法規と数学を受験すればよかった。

運転法規は機関助士科の時から得意な科目であったので、幅広く勉強しようと準備した。数学は機関助士科を受験した時のように、高校時代の数学Iの教科書をひっぱり出して勉強した。教科書を初めのページから見てみると、忘れていることがあまりにも多いのでショックを受けた。無理もない、高校を卒業してからすでに6年が経っていた。人並みの勉強をしていただけでは、機関士科に合格できない・後悔しないような勉強に専念するよう心掛けた。試験日の5日前から年休をとり、とことん勉強をした。

試験会場に行くと先輩ばかりで、私がいちばん年下であった。「負けてたまるか」と思いながら試験に取り組んだ。あまり難しい問題もなく、思うような回答が書けた。

試験が終了して10日ほどが過ぎた日、私は前夜出勤した。前夜出勤とは、翌日の出勤時間が早く自宅からの交通手段がなく出勤できないので、前日の夜に出勤して機関区の休養管理室に泊まり、出勤時間に合わせて起床し勤務に就くことである。

前夜出勤して当直助役室へ行くと、当直助役から「田村君、おめでとう」と言われた。機関士科合格の報せと直感したが、万が一違ったら恥ずかしいなと思い、まずは平静を装い「何ですか」と尋ねた。すると「機関士科に合格したよ」と当直助役が応えたではないか。私は嬉しさをこらえながら、「有難うございます」と挨拶して休養管理室に向かった。管理室のベッドに横たわると、幼い頃から手を振って見送った、蒸気機関車の勇姿が走馬灯のように思い浮かんできた。

嬉しくて、嬉しくてなかなか寝つけなかった

東北鉄道学園機関士科に入所

機関士科の合格発表から5ヵ月後の、昭和42年（1967）1月10日、宮城県仙台市にある東北鉄道学園の「第三十六回機関士科」に入所した。

授業計画は次のとおりである。

1、養成目的は、機関士として必要な知識、技能及び態度を修得させ、業務効率の向上をはかる。
2、期間は、昭和42年1月10日（入学）〜昭和42年6月10日（終了）まで。
3、養成人員は、盛岡鉄道管理局16名、秋田鉄道管理局10名、高崎鉄道管理局2名の合計28名。
4、養成場所は、学科が東北鉄道学園、実習は仙台運転所と長町機関区。
5、養成方法は、教習課程が前期（基礎的教育）と後期（専門的教育）に分かれ、前期の中で一級ボイラー講習が48時間（試験4時間含む）
6、教科目は、国鉄職員、保健体育、実用数学、物理、運転理論、蒸気機関車、ブレーキ、客貨車、運転法規、運転事故防止、線路、信号、保安、鉄道電気、作業安全、実習、一級ボイラー技士講習会で合計767時間であった。

入所式が終了すると担任教官が紹介された。私たちの担任教官は丹野先生という方だった。その先生の案内で教室に向かった。教室は3階の310号室であった。

教室に行くと先生の司会で、青森機関区から来た人たちから順番に自己紹介が始まった。早口の東北弁でしゃべるので、何を言っているのか聞き取れないところがたくさんあった。特に五能線管理所から来た、佐藤さんの言葉は本当に分かりづらかった。5ヵ月にもわたって東北のお国言葉に囲まれながら、勉強するのかと思うと少し不安になった。自己紹介が終わると寮の部屋割が発表され、一部屋に6人ずつが割り振られた。

寮は学園に隣接していて、渡り廊下で結ばれていた。この寮は新築されたばかりの建物で「薬師堂寮」との名称だった。私たちが初めての入寮者であった。寮の前には女子高校のグランド、東隣りは陸奥国の国分寺跡で松林、さらに近くには薬師堂があり、勉強に励むには最適の環境であった。

初日の行事が終わり寮の部屋に行くと、同室の6人が初めて顔をそろえた。部屋の中で再度自己紹介をした。私の部屋には青森、一ノ関、尻内（八戸）、米沢、横手の各機関区から来た大先輩たちがおり、私が最も若かった。

寮内でのオリエンテーションが終了し役割分担が決まると、各機関区の代表者が出て相談し、担任の先生を呼んで懇親会をやることになった。私は嬉しかった。東北弁に1日でも早く慣れたかったし、同期生になった仲間の顔と名前を早く覚えたかった。

懇親会が始まり少し酒が入ってくると、みんな陽気になり口数が多くなった。私はこの機会を逃してはいけないと思い、一人一人に酒を注ぎながら挨拶をし、先輩たちの苦労話や奥さんのこと、機関士科に合格した喜びなどを聞いてまわった。料理を食べる暇がなかったが、私にとって良い経験ができた懇親会となった。寮に帰ると、良き先輩に巡り合えた喜びを語った。同室の先輩たちも一夜にして何日もいるような感じで接してくれ、私は改めてこの機関士科に入所できて本当に良かったと思った。

2日目からは寮の規則にのっとり、規則正しい生活が始まった。

同期生の出身機関区は、青森機関区5名、一戸機関区1名、釜石機関区1名、一ノ関管理所4名、尻内管理所5名、米沢機関区3名、山形機関区2名、新庄機関区2名、横手機関区2名、五能線管理所1名、高崎第一機関区1名（私）、宇都宮運転所黒磯支所1名だった。

黒磯支所は高崎管理局管内であったが、高崎から遠く離れていたので職場間の交流もなく、高鉄局出身の2人と同期生と言われても、なかなかその感覚にはなれなかった。五能線管理所から来た佐藤さんとは、私の後ろの席で休み時間になるとよく話をした。話を重ねていくうちに、私もだんだん津軽弁に慣れ、話している内容が分かるようになった。佐藤さんも何かあると、授業中でも私の背中を叩いて質問してきたりして、気持ちが通じ合う同期生となった。

現車訓練実習は仙台運転所と長町機関区で、C61形とC62形の両形式を使って出区点検や機関車構造、機能など細かく勉強した。5〜6人が1組となって出区点検組、機関車の上回り組、下回り組、復習組に分かれそれぞれが熱心に取り組んだ。

出区点検は実際の点検ハンマーを持って、点検順番どおりに止め金具やナットを叩きながら打音を聞き、その緩み具合を点検するのであるが、打音を聞いてもナットの緩み具合は分からなかった。

上回りの時には、実際に滑り弁式動力逆転機を動かしてみた。滑り弁式動力逆転機は、滑り弁の作用で圧縮空気をシリンダーの前・後部に送る。シリンダーへの給気菅はシリンダー壁に通路を設けている。合併テコの途中に逆転テコと結ばれた作用棒、下端に結びリンク、そして上端に弁作用軸腕が付き、それに弁作用軸、弁作用腕とつながる。弁作用腕は滑り弁背面くぼみにはまり、腕の回転で滑り弁が弁座を前後にスライドして給気、排気を行うのである。実際に動かして、その作用を理解することができた。

C62形は大型機関車で、動輪直径が1750ミリ、火格子面積が3・85平方メートルあった。強力な牽引力とスピードが求められ、手焚きの焚火作業だと間に合わなくなるので、自動給炭装置が取り付けられていた。自動給炭装置とは、文字どおり石炭を自動で投炭できるストーカーのことでC61形、C62形、D52形、C62形の各形式に取り付けてあった。私たちは自動給炭装置を実際に動かし、作用がどうなっているのか、実習担当の先生から説明を聞きながら全員で勉強した。

自動給炭機を駆動させるストーカーエンジンは、運転室の下に設けられていた。2つのシリンダーで蒸気分配箱からの蒸気で作動し、エンジン回転を駆動軸でストーカーに伝えて送りネジを回す。

すると、テンダーの石炭庫の石炭は、送りネジによって前方の送り出し口まで送られて来る。その石炭を焚き口下部に付いている石炭噴射装置によって、火室内に飛ばすのである。案内翼と蒸気噴射の加減で、任意の場所に石炭を散布できる装置である。また石炭庫の底に引戸が設けてあり、その開閉により石炭の落下量を調整する。石炭量は毎時750〜2300キログラムとして、ネジは毎分15回転に調整してあった。

私は9600形、C58形、D50形、D51形しか扱ったことがなかったので、初めはとまどった。だが、こんなチャンスは2度と来ないと考え、昼休み時間も利用して機関車に行き床下にもぐり、台枠装置や走り装置、自動給炭装置を動作させたりして大型機関車の勉強をした。

私が機関助士として乗務していた機関車は、9600形式の動輪直径は1250ミリ、火格子面積は2・32平方メートル、C58形は動輪直径1520ミリ、火格子面積2・15平方メートル、D51形式は動輪直径1400ミリ、火格子面積は3・27平方メートルである。いかにC62

形式の機関車が大きいかが分かる。

同じ志を持つ仲間との交流

実習が終わると現地解散になったので、寮に帰る途中に仙台名物「牛タン」の美味しい店があった。いつしかこの店で疲れを癒して寮に帰るのが恒例のコースとなった。一週間に一度の実習が楽しくて仕方なかった。

土曜日は午前中で授業が終わるので、みんな早々と自宅に帰り、翌日に寮に戻る時には、それぞれが故郷のみやげをぶら下げて来た。私も自宅に帰った時には、磯部せんべいと、中山道板鼻宿の造り酒屋「十一屋」で作っていた辛口の日本酒「群鶴」など、地元の名産品を持ち帰った。

高一配属から間もない頃、機関助士科の仲間が我が家（安中市）の田植えを手伝ってくれた時に振舞った「群鶴」は、仲間内でも好評だった。そこで、寮の仲間にもこのお酒を飲ませたいと思い、手みやげにした。寮に戻った私が「群馬の酒で辛口の群鶴です」と言って仲間たちに差し出すと、寮友たちも「俺は秋田の銘酒だ」「俺は山形の地酒」「俺は青森で人気の日本酒だ」と、次々に酒を出してきた。これには驚いた。

横手機関区から来た高橋さんは、秋田の銘酒「爛漫」と手造りの味噌漬けをみやげに持って来てくれた。この味噌漬けをつまみに、到着祝いの酒盛りが始まった。持ち寄った故郷の銘酒を飲みながら郷土自慢の話が続き、翌朝の起床が大変であった。

高橋さんの味噌漬けの味は天下一品で、部屋でお茶を飲むとき、酒を飲む時に重宝した。この味噌漬が縁で、高橋さんと私は特に親しくなり、土曜日に群馬の自宅に帰らず横手の高橋さんの自宅に遊びに行ったり、お互い自宅に帰らないで宮城県有数の名勝として人気の金華山や松島の観光を楽しんだり、伊達政宗の史跡巡りをしながら、機関士科生活を楽しんだ。

2月下旬になると、「一級ボイラー技士」の免許取得のための講習が始まった。講習2日目の夜、自宅から父危篤の電話があった。慌てて自宅に帰る準備をして、タクシーで仙台駅に向かい東北本線の夜行列車に飛び乗った。

夜行列車に乗っても落ち着かず窓の外を見ながら、ボイラー講習の教科書をバックから取り出して読んでみたりしたのだが、父が気になり何も頭に入らなかった。仕方なく目を閉じて父の無事を祈った。翌朝の9時過ぎに自宅に着いたが、父はすでに亡くなっていた。機関士科に合格して一番喜んでくれた、父の死は大きなショックであった。

一級ボイラー技師の試験が父の葬儀の翌日であったので、通夜は父に線香をあげながら一晩中ボイラー講習の教科書を広げて勉強をした。葬儀が終わるとすぐ自宅からタクシーで高崎駅に行き、列車を乗り継いで仙台に戻った。

寮に到着したのは夜の10時を過ぎていたが、部屋の仲間はみんな起きていた。いろいろ話したいが翌日がボイラー試験だったので、ボイラー講習の内容を教えてもらった。その夜は同室の仲間にお願いして、一晩中電気をつけて勉強をした。

試験当日は、担任の先生もボイラー試験に立ちあった。私はあまりボイラー講習の受講をしない状態での試験となってしまったので、担任の先生も心配して時どき私の机の横に立ち止まって解答状況を覗き込んでいた。それほど難しい問題も出題されていなかったので、法令、構造ともに自信を持って解答できた。2週間後に試験結果が発表され全員が合格した。

仙台での楽しい学園生活

一級ボイラー技士試験も終わり、学科講習が進むにつれてますます学園生活に慣れてきた。すると寮生活にも変化が出て、寮の部屋で酒を酌み交わす日がだんだん少なくなり、6時の夕食を軽く食べゆっくりと風呂に入ると、気の合った仲間と外出することが多くなった。

私は高橋さんたちと、寮の近くの一杯飲み屋に出掛けた。そこは5~6人がカウンターに座るといっぱいになる小さな居酒屋で、気前のいいおばちゃんが仙台弁で世間話をしながら郷土料理を作ってくれた。私は語尾に、「だっちゃ」が付くことが多い仙台弁が、親しみやすく聞こえてとても好きになっていた。

おばちゃんの仙台弁を聞きながら楽しく酒を酌み交わしていると、あっと言う間に寮の門限時間を過ぎてしまう気がした。すると、おばちゃんが「ほら、もう門限時間よ。早ぐ帰んねど、閉（す）め出されるっちゃ」と促してくれた。支払いを済ませて急いで寮に帰るのだが、酒を酌み交わしながら話題にあがるのは奥さんや子どもの自慢話など、明るい家庭の話題であった。私も「機関士になったら早く結婚しよう」と心に決めた。

土曜日に自宅に帰り、日曜日に寮に帰る時は、お互いに郷土のみやげをぶら下げて寮に帰ってきた。だが、だんだん気の合った仲間同志がグループを作り、時間を決めて仙台駅で待ち合わせ、一杯飲みながら仙台駅周辺で軽く食事をしてから寮に帰ることが多くなった。私たちのグループは仙台駅の近くにあった、朝日屋という居酒屋で一杯飲みながら食事をして寮に帰るようになった。土曜日に自宅へ帰り妻や子どもの元気な姿を見て安心するのか、みんな恵比寿顔で帰って来た。

私はそんな仲間たちと酒を酌み交わしながら、月曜からの授業や実習について話をするのがたまらなく楽しかった。当時の私は独身だったので、自宅に帰らないこともあった。そんな時は寮から仙台駅まで出てきて、近くの朝日屋で一杯飲み、大好きな「麦とろ御飯」を食べながらおばあちゃんや女性従業員との会話を楽しんだ。

朝日屋には丸顔で少し小太りの「みよちゃん」と、細面で美人の「きぬちゃん」という若い女性従業員がいて、仙台弁で愛想よく私を接待してくれた。この朝日屋の徳利は素焼きの四合徳利で側面に朝日屋と書いてあり、とても情緒がある徳利であった。私が1人で朝日屋を尋ねた時には、どちらかを相手に群馬名物「上毛かるた」の話をよくした。群馬県内で広く普及しているこのカルタは、群馬県の名勝や名物が絵柄となっており、現在に至るまで大人にも子どもたちにも人気だった。

こうして帰省から仙台に戻った時には、仙台駅で仲間たちと待ち合わせて、朝日屋に立ち寄って四合徳利を2~3本空け、軽い夕食をとって寮に帰った。私は朝日屋ではじっくり煮込んだ豆腐とだいこん、それにわさび醤油につけて食べる笹かまぼこを必ず注文し、酒のつまみとした。他に牛タン焼きなどいろいろ美味しそうな食べ物があったが、なぜか注文することはなかった。

朝日屋の店員との花見

朝日屋に立ち寄り四合徳利で酒を酌み交わしていると、みよちゃんと、きぬちゃんが時どき顔を出し、酌をしながら冗談を言って仲間を笑わせ宴を盛り上げた。

ある時、みよちゃんに「桜の花見をしたいのだが、いい所はないかい？」と聞いてみた。するとみよちゃんは、「せっかく仙台にいるのだから、金華山か松島、瑞巌寺あたりがお勧めだよ。温かくなってきたし、日曜日の昼間だったら私が案内してもいいよ」と言ってくれた。

私は嬉しくなり高橋さんに正式に話すと、「俺もその日は自宅に帰らないで一緒に行くよ」と言ってくれた。みよちゃんに案内をお願いすると、「高橋さんも一緒に行くのなら、きぬちゃんも誘って4人で出掛けよう」と言ってくれたので、次の日曜日に仙台駅で待ち合わせた。

仙台駅で落ち合った後、4人で相談した結果、松島と瑞巌寺を案内してもらうこととなった。仙石線に乗って、松島海岸駅まで行った。改札口を出るとみよちゃんが、「まず五大堂に行ってみよう」と言い案内してくれた。五大堂に着くとみよちゃんが、「このお堂は田村さんのご先祖様、坂上田村麻呂が建立したのが始まりで、伊達政宗公が再建したものです」と言って笑いだした。私も「なに、俺の御先祖様！」と言って笑うと、高橋さんもきぬちゃんと顔を見合わせて笑いだした。坂上田村麻呂は平安時代初期の武人、公卿でもあったが蝦夷を討ち征夷大将軍となり、武将として尊崇された。その田村麻呂に、私の姓を結びつけて話をもりあげるみよちゃんは、なかなかの教養人であった。

その後、遊覧船に乗って松島湾を周遊すると、無数の小島が湾内に点在し、その景観は素晴らしくさすが天橋立、宮島と並ぶ日本三景に数えられる名勝だと感じた。遊覧船から降りると昼食の時間となったので、近くのレストラン入った。食事をしながら、みよちゃんに「俺は朝日屋の素焼きの四合徳利が気に入っているんだけど、もしよかったら一本譲ってもらえないか」とお願いしてみた。

するとみよちゃんは、「朝日屋の徳利がほしいと言うお客さんはたくさんいるけど、店主は譲ることはできないと言っているの。あの徳利は朝日屋の先代が窯元に注文して、特別に作ってもらったらしいですよ。残念だけど駄目ですね」と断わられてしまった。みよちゃんには、「無理を言って悪かったね」と謝った。

昼食をすませてから、瑞巌寺に案内してもらった。瑞巌寺は慈覚大師の開基と伝えられ、当初は延福寺と称して奥州随一の古い寺であったが、慶長年間に伊達政宗が5年の歳月をかけて禅寺として再建し、伊達家の菩提寺となったという。華麗な装飾を施した建物は、仙台藩62万石の藩主の菩提寺にふさわしいものであった。

松島から早目に仙台に戻り、みよちゃん、きぬちゃんは朝日屋に行った。私と高橋さんは時間があったので、伊達政宗にまつわる史跡として名高い青葉城の散策に出かけた。松島の五大堂、瑞巌寺、そして青葉城址の立派な石垣と仙台の街並みを見下ろす政宗の騎馬像や資料館を見学し、楽しい1日を過ごした。

時間を見ながら高橋さんと仙台駅に向かい、いつもの仲間たちと合流して朝日屋に行った。

みよちゃんときぬちゃんが、いつものように笑顔で迎えてくれた。

添乗実習で山寺散策

仙台運転所と長町機関区で行われていた、現車訓練実習が習熟してくると、仙山線のC58形の運転室で乗務訓練実習が行われることになった。当日の朝、8時30分に仙山線のホームに集合した。添乗実習の担当は、担任の庄子先生であった。

朝の挨拶で、「今日は天気もいいし、添乗実習は山寺駅までとして、下車したら山寺を散策する」と言った。みんな顔を見合わせた。そういえば先生は、学科講習の中で山寺に行ってみたい人が何人いるか調べたことがあった。確か全員が行ってみたいと手をあげた。

庄子先生が、「これから山寺駅まで、停車駅ごとに2〜3人ずつ交代で機関車の運転室に乗せてもらい、機関士の諸動作や機器扱いを見せてもらう。機関士と機関助士には了解をとってあります」と言って客車に乗り込んだ。順番でC58形の運転室に乗せてもらった。

私はC58形機関車は八高線でよく乗務していたので、どの区間であってもいいと思い、事前に確認された乗務希望区間では、他に希望者がいなかった仙山トンネル区間が含まれる作並駅から山寺駅までを添乗した。

作並駅に到着すると、すぐに機関車に行って機関助士にお願いして山寺駅まで焚火作業をさせてもらった。久しぶりの焚火作業でひと汗かくと、山寺駅に到着した。山寺駅で全員が下車する。庄子先生が「これから山寺に行きます」と言い、先頭で改札口を出た。私たちも続いて改札口を出て、ナッパ服姿で山寺に向かった。

私は山寺（宝珠山立石寺）に行くのは初めてだったが、後年俳聖と言われた松尾芭蕉が、「閑さや岩にしみ入蝉の声」という俳句を詠んだ場所であることぐらいは知っていた。

山門に入る前に、松尾芭蕉の句碑と根本中堂を見学した。案内によると、松尾芭蕉と弟子の曾良が山寺を訪ねたのは元禄2年（1689）5月27日。陽暦だと7月13日で初夏の季節とあった。私のふるさと群馬だと、にぃにぃ蝉から鳴きはじめ、あぶら蝉、みんみん蝉が続いて鳴き、夕方になると蜩蝉が鳴いている季節である。静かな山の中でどんな蝉が鳴いていたのか、と思いながら趣のある山門をくぐった。旅行途中であろう見学者は大勢いたが、ナッパ服姿の一団は我われだけで、ちらっと好奇の目を向けられていたが、それさえも楽しく感じられた。

山門をくぐると石段が続いてあり、寺の奥之院を目指して歩き始めた。途中、蝉塚や休み石などを見ながら仁王門まで休まず歩いた。仁王門で仁王尊と十王尊に手を合わせ、また歩きだし山寺で一番見晴しがよいとされる五大堂に向かった。

五大堂に到着すると、少し汗が出てきた。舞台式の御堂で壁や窓もなく、堂内に立つと山寺の町並みが眼下に見え遠くの山々まで見渡せて素晴らしい景色であった。ここで景色を見ながら一休みし、ふたたび石段の道に戻って奥之院に向かった。山寺の一番奥にある奥之院には、釈迦如来と多宝如来が本尊として安置されていた。そのご本尊には、「機関士科を何事もなく無事に修了できますように」と合掌しながら祈った。奥之院で一休みすると、帰りは競争しながら石段を下り、待ち合わせ場所となっていた山門に集合した。

山門近くに「力こんにゃく」を売る店があった。店主が「これを食べて山寺に行くと疲れずにすむよ」と言うではないか。私たちは「いま奥之院まで行って来た帰りなので、これから力こんにゃくを食べても仕方ないよ」と応えたが、同期生の一人が「力こんにゃくを食べて、帰りの添乗実習を頑張ろうよ」と言ったので、全員で力こんにゃくを買って食べた。

山寺駅から帰りの添乗実習列車に乗車した。私は往路で機関車添乗したので帰りは仙台まで客室での待機であった。客車内が空いていたので、客席に座って窓越しに遠くの山々を眺めていると、山寺の芭蕉の俳句が頭の中に浮かんできた。

芭蕉は「閑さや岩にしみ入る蝉の声」と詠んでいるが、岩にしみ入る蝉の声とは、いったい何蝉の声だったのだろうか。散策中に見た休み石は観光用と思いつつ、芭蕉が休み石に座り、煙管で煙草をふかしながら一休みしている情景を描いてみた。その情景の中に、にぃにぃ蝉の声、あぶら蝉の声、みんみん蝉の声、蜩蝉の声を入れてみた。するとみんみん蝉の声が、最も岩にしみ入る蝉の声ではないかと思えてきた。山寺の散策を思い描いていたら、列車は仙台駅に到着していた。

機関士科修了

機関士科の学科講習は科目数が多かったが、運転理論、蒸気機関車、ブレーキの授業には熱中して取り組んだ。学科担当の先生たちは板書して説明することが多かったので、速くノートに書きうつし説明をよく聞くことに心掛けた。寮に帰ると教科書と板書した内容をよく読み比べながら、別のノートに書き移して整理した。修了試験の時も書き移したノートを中心に勉強し、とても役立った。

そして昭和42年（1967）6月10日、「第三十六回、機関士科」の修了式を迎えた。朝早く起床し今までお世話になった、寮の部屋やトイレを全員で隅々まできれいに清掃した。朝食をすませ、それぞれが身の回り品をバックに入れて修了式の会場に向かった。修了式は厳粛に行われ、一人一人に修了証書が手渡された。楽しかった学園生活もこれで終わりかと思い、少し寂しい気持ちで東北鉄道学園を後にした。

仙台駅では帰郷する列車の発車時間を見ながら、出発が遅い人たちが早い人たちを見送った。

私は運転本数が多い東北本線で帰るので、みんなを見送ってから最後に帰ろうと思っていた。嬉しいことに朝日屋のみよちゃんときぬちゃんが、駅まで見送りに来てくれた。2人と思い出話をしていると、高橋さんたちが帰る列車の発車時間となった。高橋さんたちを3人で見送ると、私1人となってしまった。するとみよちゃんが、紙袋に包んだ物を「田村さん、これ機関士科の修了記念のお土産ね」と言って差し出した。私が「何、これは」と聞くと、「電車に乗ったら開けて見て」と言うのでカバンの中に入れた。

上野行きの電車が発車時間になった。電車に乗り乗降口で何度もお礼を言っているとドアが閉まり、電車は静かに走り出した。窓越しに手を振り、2人の姿が見えなくなると客室に入り座席に座った。網棚にカバンを上げる前にカバンを開け、みよちゃんからいただいた紙袋を開けて見てビックリした。なんと、朝日屋の素焼きの四合徳利であった。朝日屋の店主に何と言って了解を得たのか分からないが、機関士科の修了記念のみやげにもたせてくれたのである。

四合徳利を見ていたら松島五大堂の案内、瑞巌寺見学、朝日屋で時どき酌に来てはみんなを笑わせたことなどが走馬灯のように頭の中に浮かんで、涙が出てしまった。私は四合徳利を丁寧に紙袋で包みカバンに入れた。電車は上野駅に向かって速度を上げていった。

自宅に帰り朝日屋の四合徳利を見ながら、みよちゃんときぬちゃんにお礼の手紙を書いた。みよちゃん、きぬちゃんの温かい心づかいに感謝しながら、私は高崎名産の福だるまをお礼に送ることにした。「2人に幸福が来ますように」と祈りつつ、だるまの背中に「上毛かるた」にある「縁起だるまの少林山」と書き入れてもらった。朝日屋で一杯飲みながら、「上毛かるた」の話をよくした私を少しでも思い出してくれればいいな、と思いながらだるまを梱包した。

そして昭和42年（1967）6月11日。機関助士として高崎第一機関区に戻り、機関士見習いの発令を待ちながら八高線に乗務した。退職者が出て機関士の補充があるはずだったが、事情があって退職者が当初の計画より少なかったので、機関士見習いの発令が遅れそうだった。

八高線で乗務するようなって1ヵ月が過ぎた頃、指導助役から機関助士見習いの養成を頼まれた。私は高一には先輩機関助士が数多くいるので断ったが、「機関士科に行って勉強してきたのだから」と依頼されたので引き受けることにした。機関助士見習いへの指導は初めてであったので、まず自分が機関助士見習いの頃を思い出しながら教えた。

八高線では駅と駅との間では必ず力行運転から惰行運転に移るので、火室内の状態を確認しやすい。私は信越線の見習いで悩みに悩み、乗務するのが嫌になった体験があった。そんな思いを後輩にはさせたくなかった。焚火の途中であっても焚口戸を開け、火室内の燃焼状態を説明し、何処に投炭するのが効果的な焚火作業になるのか細かく教えた。

すると、その後輩の焚火作業はめきめき上達してきた。次に機関助士として最も必要な信号確認、前途確認について、機関士が安心して列車を運転するためには前途確認を何処ですればいいのか、信号喚呼はいつすればいいのか、などなど厳しく指導した。私が機関士になった時、一緒に乗務するかもしれない機関助士である。教えるのに、自然と熱が入った。

1人の機関助士見習いを仕上げて数ヵ月が過ぎると、また機関助士見習いを指導する羽目になった。2人目の見習いは、高校時代にテニスをやっていて国体に出たとの話であった。太い腕と手首が強く、火床整理や焚火作業をしても汗ひとつかかず平気であった。高校時代にしっかり部活動をやってきたせいか礼儀作法も正しく、教えるのにも張り合いがあった。

2人の機関助士見習いを育て上げると、私にもようやく機関士見習いの発令が出た。

機関士見習いとして乗務開始

昭和42年11月1日、「高崎第一機関区機関士見習いを命ず」との発令があった。乗務開始前の一週間は出区点検、応急処置、機関士としての心構え等の訓練実習を行った。訓練実習の期間中は日勤勤務であったので、機関助士見習いの時と同様、朝早く出勤すると、乗務員詰所の掃除から始まり、指導員室や訓練室の清掃、当日使用する機関車の保火作業と続き、毎日忙しく動いた。

一週間の訓練実習が終わり、乗務訓練が始まった。私の教導機関士は白石さんであった。機関助士の時に何度か一緒に乗務したベテラン機関士であった。白石さんは機器の取り扱いが丁寧で運転がうまく、先述した25パーミルの上り勾配でも下からゆっくりと上って行き、どんな悪条件でも空転をさせるような事態は一度もなかった。私は白石さんに指導していただける幸運に感謝した。

機関士見習いとして初乗務した行路は、511ダイヤの早出勤務であった。C58形を使用して、高崎操車場駅（高操駅）から高麗川駅まで行く貨物列車の行路だ。私が機関助士の時、機関士が寄居の坂で空転させ荒川橋梁まで退行した行路だ。寄居駅からは、C58形の牽引定数いっぱいの6両で30車を牽引するので、冬場は特に難儀な行路だった。

出区点検が終了し機関区の出区を待っていると、誘導係が迎えに来た。誘導係の合図で汽笛を鳴らし、初めて加減弁を開けると機関車がゆっくりと起動した。初めて体験した感動の瞬間であった。白石さんは私の後ろに立って、私の運転取扱いを見ていた。入換線を走行し高操駅まで行くと操車係が迎えに来て、組成されてあった貨物列車に連結してブレーキ試験を行った。発車時間が近づいて来ると白石さんは機関助士席に座り、「今日は俺の言うとおりに運転してみな」と言った。私は白石さんが助士席に座ってしまったので、少し不安になった。

発車時間になり汽笛を鳴らす。白石さんが「チェスト（シリンダー圧力）3キロ」と言ったので、加減弁を少しずつ開け3キロの蒸気圧力をシリンダーに入れた。機関車は静かに動き出した。

すると白石さんから、「はい5キロ、次は7キロ、リバー（逆転機）もチェストに合わせて引き上げろ」との指示があり、私は加減弁を開け増しリバーを50パーセントまで引き上げた。

機関車がどんどん加速して来たので、リバーの引き上げと加減弁の開け増しを繰り返し行った。倉賀野駅に近づくと白石さんから、「はい、閉めて」と言われ、加減弁を閉めてリバーをフルギヤー（逆転機を前進極端の位置）にして惰行運転に移行した。

北藤岡駅を過ぎると再力行を行い、次の駅、群馬藤岡駅の手前で惰行運転に移った。こんな運転を繰り返していると停車駅である寄居駅に近づいた。寄居駅の場内信号機を過ぎると0・6キロ減圧（5キロのブレーキ管圧力を0・6キロ減らす）の指示があり、ホームにさしかかると0・2キロ追加減圧の指示があった。言われるままブレーキ扱いをすると、停止目標が近づいて来た。すると0・2キロの階段ユルメの指示があり、それに従うと列車は停止位置にピタリと止まった。

寄居駅での入換が終了して、石灰石を積載した貨車6両を本線に据え付けた。機関助士の時に体験したことが頭に浮かんできたので白石さんに話すと、「なに、そんなことがあったのか」と言って笑った。「1000分の25の上り勾配など、どんな条件であっても少しも怖くねえから、上り坂に行ったら俺の言うとおりにやってみな」と言ってくれた。

荒川橋梁をチェスト13キロ、リバー30で通過した。寄居の坂を上り始めると速度が低下して、チェストが14キロになった。すると白石さんが、「速度が低下してくるとチェストが上がってくるだろう。この時にリバーを落としてチェストを必要以上に上げないこと。そうすれば空転など絶対しないはずだ」と言った。私は「なるほど」と思いながらリバーを落として、チェストを13キロに保ちながら上っていくと、排気音がねばっこい音に変わってきた。

白石さんは、「この排気音をよく覚えておくのだぞ」と言った。機関車はゆっくりした速度で寄居の坂を上って行った。機関助士の時、ベテラン機関士の後ろに立って見せてもらった模範的な運転と同じである。坂を上りあげて下り勾配になると、制限速度を考えながら運転し小川町駅に定時で到着した。私は、寄居の坂をあんなにゆっくりした速度で上って来ても定時で運転できることを知り、少し自信がついた。

それから高麗川駅まで指示どおりの機器扱いをすると、難所の25パーミルの上り勾配でも心配なく上りあげ、停止目標にもピタリ、ピタリと止まった。帰りの行路は「自分の感覚で運転してみな」と言われたので、緊張して運転したが往路のようなわけにはいかなかった。

2日目以降の白石さんは、機関助士席に座って私の運転方法をチェックして改善点を指摘してくれた。高一は高操駅〜高麗川駅間を往復する貨物列車を担当し、使用機関車はC58形とD51形であった。高麗川駅〜寄居駅間の1往復を大宮機関区が担当し、9600形を使用していた。寄居〜高麗川間の牽引定数はC58形が30車、D51形が45車であり、冬場の1000分の25

の上り勾配にはみな苦労していた。私はどんな悪条件でも、ゆとりを持って上って行ける機関士になりたいと思っていた。

ここで少し機関車を運転する時の、機器の扱いについてふれておきたい。

機関車を運転するには、ボイラー上にある、蒸気溜の中に取り付けてある弁を開いて蒸気をシリンダーに送る装置、加減弁を操作しシリンダーに蒸気を送ることから始まる。

発車時には、この加減弁を少しずつ開けていく。急に加減弁を大きく開けると、多量の蒸気がシリンダーに送り込まれ機関車は空転する。機関車が動き出して速度が高くなるにつれて加減弁を開け増しするのだが、それに伴い、蒸気がシリンダーに入って行く入口を狭くするため逆転機を引き上げて行く。逆転機は、蒸気の入り口を広くしたり狭くしたりする装置で、発車時には締め切り比を最大のフルギヤーにするが、速度が高くなるにつれて逆転機を引き上げ、締め切り比を小さくしながらシリンダーに送る蒸気圧力をあげるため加減弁を開け増していく。この時の数値目標は、C＋V＝60（平坦線）、C＋V＝70（勾配線）であった。Cは締め切り比で何パーセント、Vは機関車の速度で数値を表している。

白石さんは、この数値をいつでも頭の中に入れておき、「牽引重量や気象条件によってこの数値を変えながら運転すること、列車の重さは背中で感じ取ること」といったことを教えてくれた。いずれも機関士にとってとても重要であり、重くて責任ある言葉であった。

また、発車時の衝動防止について、加減弁を少し開け、シリンダー圧力が1～2キロに上昇してくると機関車の動輪が微妙に動き、貨車と貨車を連結している連結器の遊びがなくなり引っ張り状態になるから、そこを見計らい加減弁を開け増しすると、最後部の車両に衝動を与えることなく発車できるとも教えてくれた。そして、こんな話もしてくれた。

「上り勾配で速度がだんだん落ちてくると、シリンダー圧力が上昇してくる。そのままにしておくと空転しやすくなるので、締め切り比を大きくするため逆転機を引き下げて空転を防止する。すると、排気音が粘りのある音に変わり、空転せずに上り勾配をゆっくり上り切ることができる。目で見て、音を耳で聞いて、数値を頭に入れて機器の取り扱いをする。これができて、初めて一人前の機関士だよ」。私が機関士見習いとして、初日の乗務で体験した貴重な数かずであった。

機関士見習いとしての技能講習が終わると、技能試験と筆記試験が実施された。合格基準は、「実施された項目ごとに70点以上の得点をもって合格点とする」という厳しいものだった。

技能試験は定時運転の確保が第一で、発車駅から次駅までの走行時間、つまり運転時分が時刻表どおりの運転時間であるかが審査された。誤差は±5秒以内なら減点0であるが、これを過ぎた場合、試験区間内で生じた誤差の合計が75秒以内なら合格となった。

信号喚呼は、誤って喚呼し直ちに訂正した場合は減点5点、訂正しない場合は10点。速度制限や表示灯の喚呼も同じである。服装や運転操縦時の態度不良が5点。汽笛吹鳴を怠った場合10点、不適切が5点。出発時の手順を誤った時は5点。停止位置は±5メートルを許容範囲として許容を超えたら1メートルに付き5点が減点された。

衝動については衝動測定器を車掌が乗る貨物車両・緩急車に乗せて測定し、8ミリの駒が倒れると5点、9ミリが10点、10ミリが15点、11ミリが20点の減点。ブレーキ操作は、基本に反するブレーキ操作が1回につき5点、非常ブレーキを使用すると30点減点された。

これらの項目ごとに、70点以上の点数を取らないと不合格となる。私は、運転時分についてては駅間を頭の中で3区間に分け、力行運転から惰行運転に切り替える所で速度と時間を確認し、時間調整をしながら運転。場内信号機でもう一度速度と時間を確認し速度を調整して、ブレーキ位置とブレーキ管の減圧量を決めた。これを繰り返し練習してきたので、自信を持って試験に臨めた。

衝動についても、始発駅での発車は、加減弁の補助弁を使用しながら、車両間の連結器が伸びるのを待って加減弁を開け増したり、列車の停車時に車両間の連結器を伸ばした状態で停車させた。連結器が伸びた状態で停車させると、発車の際に衝動もなく、静かに発車することができるのである。毎日、白石さんから細かい箇所まで手ほどきを受け、日々練習を重ねた結果であった。

試験はこのほかに連結試験、自動連結器の解体組立、出区点検、筆記試験であった。これらは、私の乗務員生活の中でも最も厳しい試験であった。後々の話になるが、私が機関士を養成する立場になった時に、白石さんに教えてもらった数々の知識が非常に役に立った。

昭和43年（1943）2月20日、機関士実務試験（筆記及び技能）に合格した。

機関士昇格と八高線乗務

昭和43年3月1日、「高崎第一機関区機関士を命ず」との辞令が出た。区長室に辞令をもらいに行くと、辞令と一緒に機関士の必需品である新品の機関士腕章、点検ハンマー、懐中時計が用意されていた。区長が辞令を読み上げた後、一つ一つ丁寧に手渡してくれた。給与も動力車乗務員3等級の23号俸から、7等級の10号俸に昇給した。嬉しかった。

辞令交付の後、指導機関士と高操駅に挨拶に行った。私は各詰所を回りながら、「新米機関士は仕事が遅い」と言われないよう頑張る決心をした。

翌日から、高操駅の入換機関車に乗務した。初仕事は9600形に乗務して、上り組成での入換作業であった。操車掛の合図で機関車に貨車を連結して引き上げたり、速度を上げながら前進し、連結してある貨車を突放したりしながら貨車を振り分け貨物列車に仕立てていく作業である。

加減弁を開けたり閉めたり、操車掛の旗振りによって、今度は逆転機を前進に取ったり後退に取ったり、ブレーキを使ったり緩めたりの繰り返しで、機関助士の焚火作業に比べるとかなりハードな作業であった。頑張った甲斐あって所定の入区時間より早く作業が終わり、機関助士も喜んでくれた。

9600形は動輪直径が1250ミリ（D51形は1400ミリ）と小さいので空転もしないし、力もあるので、高操駅の入換作業には最適な機関車であった。上り組成、下り組成、駅別の作業でこの機関車を使用していた。入換作業も数を重ねて行くうちに、「何両引き上げた場合、速度何キロで加減弁を閉めて、ここでブレーキをかけるとあそこに止まる」、というタイミングが分かってきたので、手早く作業ができるようになった。

操車掛の中には停止合図（赤旗）を出すのが早い、逆に出すのが遅い操車掛もいて、その癖が解かってきたら早めにブレーキを掛けることで、速度を調整し連結作業が早くできるようになった。これも、作業の安全を考えると大切な感覚であった。昼食、夕食時には必ず詰所に行って、お茶をご馳走になりながら弁当を食べ、操車掛や連結解放作業を担当する職員との親睦を図った。作業の多い時など事前に操車掛から、「今日は少し入区時間をオーバーするかもしれないので宜しくお願いしいます」と言われると、気持ちよく頑張れた。

9600形は、加減弁引棒がボイラー胴の中を通っていたので、パッキンが摩耗するとパッキンの締め付け金具の所から蒸気が漏れた。漏れを止めようとしてパッキンの締め付けナットを強く締めると、今度は加減弁が固くなって開閉操作が大変であった（前述）。それでも蒸気の漏れをなるべく少なくしないと、機関助士が焚火作業中にやけどをする恐れがあったので、私は必ずナットを締め増しした。

近代化が進む中で、高操駅の入換機関車に乗務しながら、高崎線を快適に走り去って行く電車を見ていると、「蒸気機関車の魅力も捨てがたいが、やはり電車運転士としていろんな線区を運転してみたい」という気持ちになってきた。

乗務員詰所でも「両毛線の電化が完成すれば、電車運転士に転換する」と言う人が多くなってきた。その多くは蒸気機関車からディーゼル車に転換し、気動車を運転している大先輩たちであった。一方でSL機関士の多くは電車よりディーゼル機関車を指向していた。悩みぬいた私は機関助士科の同期生に相談したが、みなディーゼル機関車への転換を希望していた。苦労して手に入れたSL機関士の座に未練があったが、転換するなら電車運転士だと決意した。

昭和43年（1968）10月の大規模ダイヤ改正（通称「ヨンサントオ」）を前にして、私は電車運転士への転換を希望し、高崎職員養成所で電車運転士転換教育を受講した。

教えてくれる先生は、新前橋電車区から派遣された技術担当の人たちで、その道のベテランであった。先生は主回路、制御回路、ブレーキ及び台車の各項目別に分けて教えてくれた。私は制御回路の授業で、先生が結線図を広げて制御システムを教えてくれたが、「オン連」「オフ連」「自己保持回路」といった用語に戸惑いなかなか理解できなかった。休み時間を利用して先生に、それぞれがどういうものか聞いてみた。

先生は、「図面よりそっちの方が先だったかな」と言って、次の授業で動作、作用、取付目的など詳しく教えてくれた。オン連とは、電気が流れるとスイッチが入る連動装置、オフ連とは電気が流れるとスイッチが切れる装置とのことであった。

その後、授業の中では自分たちで机上に、電車を制御する回路を線で結んだ結線図を広げて、色鉛筆で線に色を塗りながら電気の流れを追って行くと、少しずつ理解できた。色鉛筆で塗った結線図を、自宅に持ち帰り広げて復習した。幾日か色鉛筆で塗った結線図を見ていたら、新しい結線図でも電気の流れが追えるようになり、主幹制御器で1ノッチを入れると制御回路がつながり電車が動くようになった。

約1ヵ月の学科講習が終了し、電車運転士見習いとして新前橋電車区へ転勤となった。新前橋電車区は輸送力の増強、老朽資産の取り替え、および動力近代化を目的として、「第1次5ヵ年計画」（昭和32年～）に基づき近代的に生まれ変わった電車区であった。80系（湘南形電車）250両を配置することを前提に、新前橋駅に隣接した理研重工業前橋工場の跡地に着工したこの電車区は、昭和34年（1959）4月20日、高崎鉄道管理局としては初めての電車基地として、職員160名が属する「新前橋電車区」が発足したのだ。

この施設は、高崎、上越および両毛線を運転する電車の検査、修繕、運転を担当する重要な使命と期待を担う電車基地で、同年12月には、修学旅行用電車「ひので号」の155系が、「ひので銀嶺」として上越線（東京駅・上野駅～石内駅間）に乗り入れることとなり、職員が一丸となって新性能電車の勉強会を行い、この乗り入れを成功させた。

昭和37年（1962）6月のダイヤ改正では、上野駅～新潟駅間の特急「とき号」が運転開始され、同年7月には高崎駅～横川駅間が電化された。翌昭和38年になると高崎地区でも電車の新性能化が開始され、優等列車用として165系が、さらに通勤用として115系電車が新製配置された。これに伴い、昭和39年（1964）9月には、新前橋電車区開設と同時に配置された80系電車が山口県の下関運転所に転出していった。

昭和40年（1965）になると、飛躍的に増大する業務量に対応するため、電車区の総合庁舎に3階部分が増築された。昭和42年（1967）には渋川駅と長野原（長野原草津口）駅を結ぶ長野原（吾妻）線が電化され、9月には上越線「新清水トンネル」が完成し、輸送力も大幅に増大した。そして、

1、特急電車の時速120キロ運転

2、両毛線の電化開通、ＣＴＣ化
3、桐生電検派出所開設
4、高崎客留洗浄線使用開始
5、籠原電車支区開設

などが、次々に実施された。

昭和43年（１９６８）10月のダイヤ改正からは、私たち転換組の電車運転士見習い訓練が始まったが、急行列車の１１０キロ運転では怖さを感じ、思うようなスピードアップができなかった。赤羽駅～大宮駅間は特定の電車線を走っていたが、このダイヤ改正から本線を走るようになり、教導電車運転士も戸惑っていた。

私は基準運転線路図を作って、線路と信号を覚えるのに必死で取り組んだ。訓練運転中に何度も高操駅を通過したが、入換機関車を眺める余裕は一度もなく、電車を運転する快適さも感じなかった。しかし、家に帰ると高操での入換作業を思い出し、「頑張らなければ」と気を引き締めた。見習い訓練の乗務行路に、上野駅から田町駅まで回送する特急電車があり、高い運転席からホームや外の景色を見降ろしながらの運転は格別であった。

新前橋電車区での現車訓練とハンドル訓練（運転実習）が終了すると、実務試験があり転換組は全員合格、昭和43年12月14日付けで、「新前橋電車区電車運転士兼高崎第一機関区機関士を命ず」の辞令が出た。すると今度は、高一のSL乗務員をディーゼル機関車の乗務員に転換教育をするので、当分の間、高一に戻ってふたたびSLの機関士をやることになった。

高一に戻ったら、また高操駅の入換機関車に乗務するのかと思っていたら、指導助役に「八高線に乗ってもらう」と言われた。新米機関士が本線乗務するのは少し荷が重いと思ったが、SLで本線を運転することなど二度とないと思い引き受けた。

八高線での運転は機関士見習いの時以来。一人前の機関士として乗務するのはもちろん初めてである。これから冬期を迎え、早出の511仕業もある。線路上に霜が真っ白に積もっていたらどう対応しようか心配したが、「白石さんにあれだけ教えてもらったのだからできないはずはない。ここは一つ頑張っていこう」と思ったら気が楽になった。

乗務を繰り返していると、問題の511仕業が回って来た。八高線の貨物列車で一番早い列車である。高操駅を定時に発車し、寄居駅に到着すると入換作業がある。入換作業で6両の30車（300トン）の貨車に、機関車を連結して上り本線に据え付けた。線路の上は霜で真っ白である。私は寄居駅の事務室でお茶をご馳走になり、少し早目に機関助士と機関車に行った。機関士席に座ると助士に、「空転させないよう、ゆっくり上っていくからね」と言って発車を待った。

寄居駅を定時に発車し、荒川の鉄橋を過ぎると左カーブの曲線がある。これを過ぎると難所の25パーミルの上り勾配にさしかかる。私はシリンダー圧力を13キロに設定し、逆転機で調整しながらゆっくり上って行った。すると、粘りのある排気音になった。

機関助士の頃、ベテラン機関士と乗務した時に聞いたことがある排気音と同じである。「これでよし」少し自信が出てきた。折原駅を通過し、次の難所も問題なくクリアできた。順調な運転で竹沢駅を通過し、少し速度をあげて小川町駅に定時で到着した。次の停車駅は越生である。小川町駅を定時に発車し明覚駅を通過して、停車駅である越生駅に近づいて来たので、場内信号機の手前でブレーキをかけ速度を落として入駅した。

停止目標に合わせ、再度ブレーキをかけて停止目標に停車しようとしたが、ブレーキの効きが悪く、追加ブレーキをかけたが停止目標を10メートルほど行き過ぎて停車した。貨物列車であるため、停止位置の多少のズレは問題でないが、自分の気持ちが許せなかった。自分では停止目標に合わせてブレーキ扱いをしたつもりのに、目的の位置に止まることができなかったのである。

「なぜだろう、なぜだろう」と自問自答を繰り返していると、機関士見習いの時に白石さんが教えてくれたことを思い出した。「C58形で石灰石を積んだ6つの30だと上り勾配ばかり気にするけど、ブレーキの効きも悪いから気をつけろよ」との教えだ。私は線路上に霜があり、上り勾配のことばかり考えていて、ブレーキの効きが悪いことをすっかり忘れていた。情けなかった。

機関区に戻った私は白石さんの交番を見て機関区に出向き、白石さんに越生駅でのブレーキ扱いについて詳しく話した。白石さんは、「その列車は寄居駅から石灰石をいっぱい積んだ6つの30だよな。途中でブレーキをかけた時に、後ろから押される感じがしただろう。そこで気付かなければ停止目標にはうまく止まれないよ」と教えてくれた。

機関士見習いの時には、「列車の重さは背中で感じとれ」と何度となく教えてくれた白石さん。私は上り勾配を上手く運転することばかり考えていて、貨車の積み荷によってブレーキ扱いも変わることを忘れていた。白石さんの面目まるつぶれの運転をしていたのである。

最後に白石さんは、「せっかく本線に乗務させてもらっているんだから、気を付けて運転しろよ」と励ましてくれた。白石さんに心配をかけてしまったが、私はもう一度機関士見習いの時に教えてもらったことを復習し、最後となるであろうSLの安全運転に精進することを心に誓い、白石さんに挨拶をして機関区を後にした。

SLは、列車の牽引両数や換算両数によって運転方法が変わる。当然、機関助士も焚火方法が変わってくるので、機関助士には牽引両数と換算両数を常に報告した。

また、最小限の蒸気を使って最大限の仕事をするにはどんな運転方法がよいか、常に考えながら乗務した。電車では考えられないことだが、八高線に乗務させてもらったお陰でいろんな体験をすることができた。

電車運転士と職場環境

昭和44年（1969）になると、高一にもDLの配属が開始され、その第1号機が10月8日から高崎操車場の分解で使用開始となった。高一でのDL転換教育が終了に近づき、高崎地区のDL化が進むと、私はまた新前橋電車区に戻った。

昭和46年（1971）1月14日、私は町田悦子と結婚した。実家近くに家を建て、そこから新前橋電車区に通勤した。ここでは電車運転士兼機関士として、特急「あさま号」や特急「とき号」にも乗務していた。昭和47年5月10日には「高崎第一機関区機関士兼務を免ずる」の辞令が出て、電車運転士専任となった。

この頃から組合運動が過激になり、「合理化反対闘争」「順法闘争」「スト権奪還闘争」「ならない、なりたがらない運動」などが次々と実施されていった。順法闘争とは、さまざまな法規を厳格に遵守することで、列車をわざと遅延させるというストライキ手法である。具体的には列車が停車駅に進入した際に、出発信号機が赤信号だとATSが鳴動するがここで必ず列車を一旦停止させてから、再度起動して所定の停止位置まで運転するというような遅延を促進するアクションが推奨された。

通常はATSが鳴動すると確認扱いしながらそのまま進み、所定の停止位置まで行ってから停車するので列車遅延は発生しない。だが、順法闘争期間はATSが鳴動すると一旦停止をしてからブレーキを緩め、再度起動し所定の停止位置まで行くよう指示された。そのため、列車遅延が発生した。これが毎日、全列車で行われた。乗客はたまったものではなかった。

昭和48年（1973）3月13日には、「上尾（暴動）事件」が発生した。上尾駅で電車が発車しないのに腹を立てた出勤途中の乗客の一部が、駅長事務室を占拠して大暴れしたのだ（連日の列車遅延によるストレスの解消とされる）。さらに同年4月24日、国電主要駅で暴動事件が起きた。電車の窓ガラスは割られ、乗客はパニックに陥った。この騒動は首都圏各駅にも飛び火した。そのため順法闘争は中止となった。

「スト権奪還闘争」は、公共企業体であることからスト権がない日本国有鉄道の職員に、スト権を与えるよう政府に迫った闘争である。労働組合はスト権奪還闘争と称して、昭和50年（1975）11月26日から12月3日に至る8日間、空前の規模となるストライキを実施した。「スト権スト」とも称されたこの闘争で、本線の線路が錆びるほど列車は全面的に止まり、国民の足は大きく乱れた。私たちは乗務員詰所のテレビでニュースを見ながら、ストライキの成り行きを見守った。8日目になってストライキ中止が報道された時には、みな安堵した。結局、闘争もむなしくスト権は与えられなかった。

「ならない、なりたがらない運動」は、組合員は助役以上の管理職にはなってはいけない、のみならず、なりたがってもいけない、という驚くべき取り組みだった。これにより、当時の組合員の多くが管理職に昇進することができなかった。中には昇進を希望する組合員もいたが、活動家の「追求行動」などによって受験を断念させられたのだ。この運動は、私が秩父鉄道に出向した平成2年（1990）まで続いた。

こんな職場環境だったが、私は郷土史愛好会「ふるさとを知る会」に入会し、明け（非番）や公休を利用して群馬県内の名所旧跡巡りや、遺跡発掘調査の手伝いをして余暇を楽しんだ。また、県立高崎青年の家のボランティア養成講座を受講し、受講した仲間たちとボランティアに積極的に参加した。家に帰ると、長女が加入していた少女ソフトボールチームの監督をしていたので、チームの練習にも追われた。のんびりしている暇はなかった。

新前橋電車区では、昭和50年（1975）には吾妻線の群馬大津駅〜長野原駅（長野原草津口駅）間で落石脱線事故が発生して大騒ぎとなった。昭和51年（1976）1月には上越地方豪雪のため、5日間列車が全面運休となった。昭和52年（1977）2月には、両毛線の足利駅〜富田駅間で踏切事故が発生し5両脱線、3月には上越線津久田駅〜岩本駅間で落石によって急行「佐渡号」（705M）が脱線転覆し、死傷者が出る痛ましい事故が発生した。運転していたのは新前橋の電車運転士ではなかったが、当区内の事故は翌年になっても続いた。だが、幸いにも運転士の責任事故は1件もなかった。

この頃になると新前橋電車区の総合庁舎も手狭になり、増築工事が施工された。昭和54年（1979）4月には職員数が707名となった。昭和59年（1984）2月のダイヤ改正で、編成の見直しと高崎駅～新前橋駅間の便乗を減らす目的で乗務員運用の見直しが行われ、高崎派出所に一部の乗務員を在勤させるようになった。これに合わせて私も高崎派出所在勤となった。昭和61年（1986）3月のダイヤ改正で、乗務員の適正配置による一層の効率化を進めるため、新前橋電車区の約半数の乗務員が高崎派出所在勤となった。

電車運転士の正月勤務

次に、乗務員の正月勤務について紹介しよう。高崎第一機関区時代の正月の交番は臨時旅客列車が増発され、貨物列車が運休となるため高操の構内には貨車が少なくなった。そのため、SL八高組と高操の入換組の勤務体系は通常とは大きく異なった。

入換機関車に乗務していた者は、出勤しても入換作業自体がない。そのため、操車係の詰所に行ってストーブにあたりながらお茶をご馳走になり、のんびりと過ごすことが多かった。八高組も正月の１～３日位までは、一部の貨物列車を除いてほとんどが運休となったので、乗務行路がなくなり年休をとって正月はゆっくり休めた。

しかし、新前橋電車区は違った。年末年始になると臨時列車が多発するので、猫の手を借りたいほどの忙しさとなった。電車区の乗務員は11月になると12月、１月の勤務が心配になってくる。「交番」で乗務するか「予備」で乗務するかで、年末年始の計画が違ってくるからである。交番で３ヵ月位乗務すると翌月の１ヵ月が「予備」となって、臨時列車の行路や、交番で乗務している人が年休で休んだ行路に乗務するのである。そのため特休や公休日はあらかじめ決まっているが、その他の乗務行路は２～３日前にならないと決まらない。

そこで年末年始は、乗務行路が明確な交番として乗務したいのである。11月下旬になると、12月の交番が乗務員詰所に発表される。私たちはその交番表を見て一喜一憂した。新前橋電車区のような大きな電車区だと、大晦日に深夜乗務する人は必ず発生する。毎年、家族と共に除夜の鐘を聞きながら過ごすという、人としての平凡な願いが叶えられないのだ。

家族と共に除夜の鐘を聞いて元旦をゆっくり休みたい人は、12月1日の午前0時から受付開始となる「年休」の申し込みに電車区に出掛けて行った。11月30日の23時30分を過ぎると、電車区の乗務員詰所には年休を申し込む人たちが続々と集まり始め、０時近くになると少ない年でも40～50人、多い年だと１００人近くが集まった。集まった者同士で相談して「番号くじ」

を作り、一番くじを引いた者から順番に「年休申し込み簿」に名前を書いた。

一番くじを引いて年休を申し込んでも必ず取れる保証はなく、その年の臨時列車の運転状況（運転本数）によっては年休が取れないということもあった。通常だと「予備」人員が50～60人いたので、臨時列車が多発していても5～6人ぐらいは元日であっても年休が取れた。この5～6人の中に入りたいがために、多くの人たちが夜中の電車区に集まっていた。今となっては懐かしい思い出の一つだ。

電車運転士と乗務車両

電車運転士はSLの機関士と違って、運転席では力を使って機器操作することはほとんどない。計器を見ながら各機器の取り扱いを間違いなく行い、信号現示に従って電車を運転するのだが、形式によってブレーキシステムに大きな違いがあった。具体的には自動ブレーキ装置の車両と直通ブレーキ装置の車両があり、前者が旧形車両で後者が新形車両である（当時）。取り扱い方法やブレーキ力が異なっていたので、自動ブレーキ装置の旧形車両には正直のところ、あまり乗務したくなかった。

信越本線の高崎駅～横川駅間、吾妻線の高崎駅～長野原駅（現・長野原草津口駅）間が自動

ブレーキ装置の旧車が充当されていた。両毛線も高崎駅～小山駅間は自動ブレーキ装置の70系だったので、かなり神経を使って乗務した。その一方、高崎線には直通ブレーキ装置が装備されている115系や165系車両が充当されていたので、ブレーキ扱いにはあまり神経を使わなくてすんだ。とはいえ、高速度で運転する新性能電車では、信号確認には一瞬たりとも気を抜けなかった。

電車の運転室には、電車を走らせたり、止めるための機器が左側に設けられている。運転席に座ると、左手で操作する主幹制御器やマスコンキーがあり、主にモーターの電流などを制御して電車を加速させる役目をしている。

右側には電車を減速させたり、止めたりするブレーキ弁ハンドルがあり、これは右手で操作する。ブレーキ方式が自動ブレーキや電磁直通ブレーキの場合は、空気の圧力によってブレーキの指令を出すため、ブレーキ弁は文字どおり「弁」の役割を果たしている。だが、最近の新型車両では電気指令ブレーキが主流となった。電気指令ブレーキは、主幹制御器と同様にスイッチによる構成となっていて、「ブレーキ設定器」と呼ばれるようになった。

私が乗務していた頃は、ブレーキ弁ハンドルを、運転室のブレーキ弁に差し込みブレーキを緩めて運転を開始し、運転が終了するとブレーキをかけてブレーキハンドルを抜き取るという着脱式のハンドルで操作した。

ここで、駅から電車を発車させるまでの手順を述べておこう。

運転席に座り、まずヒューズ関係の正常位置を確認する。次にブレーキ弁ハンドルを差し込み、非常位置から普通ブレーキに移し、マスコンキーを差し込みＯＮ（オン）にして逆転機を前進位置にする。そして、自動列車停止装置（ＡＴＳ）のスイッチを入れて、発車準備が終わる。そのあと車掌と打ち合わせをして発車に備える。ホームでは発車ベルが鳴り、車掌がドアを閉めると全車両の側灯が消え、発車指示となる運転台のパイロットランプが点灯する。このランプの点灯と信号機の進行信号を確認し、主幹制御器で１ノッチ投入すると電車は動き出す。

乗務終了後、電車から離れる時には、非常ブレーキをかけないとハンドルが抜けない仕組みになっていて、安全が保たれている。このハンドルは、乗務開始の前に当直助役から受け取り、乗務終了後に返納した。運転席には、計器類がたくさん取り付けられている。大別すると、電圧や電流を表示する「電気計器」と、空気圧を表示する「圧力計」、そして速度を表示する「速度計」の３種類であり、その数や仕様は車種やブレーキ装置によって異なる。

電車の運転は定時運転が基本である。電車運転士は、乗務開始前に電車区の当直助役と乗務点呼を行うが、その時にハンドルと乗務行路別に作られている時刻表を机の上に置いて、運転に関係する変更箇所などを当直助役と互いにチェックする。乗務点呼が終了すると、これを持参して駅ホームや電車区構内で電車に乗り込み、乗務開始となる。時刻表にはダイヤどおりの時刻が記入されていて、記載された時刻どおりに運転すれば電車は定時運転できるので、駅間の運転時間に合わせて電車の速度を調節しながら運転するのである。

　昭和37年（1962）6月のダイヤ改正で、上野駅と新潟駅を結ぶ特急「とき号」が運転開始した。この特急電車（161系）は運転台が高くて、運転席の後ろに扇風機が付いていた。蒸気機関車にあこがれて国鉄に就職した私だが、この特急「とき号」には何とも言えない魅力を感じた。

　昭和38年（1963）になると高崎地区でも電車の新性能化が始まり、優等列車（特急・準急）用として165系が、通勤用として3つドアの115系電車が新製配置され、昭和39年（1964）10月のダイヤ改正で、上野駅から信越本線の長野駅まで165系電車の直通運転が開始された。さらに昭和41年（1966）10月には特急「あさま号」（181系）が誕生し、昭和43年（1968）10月より協調運転回路が取り付けられた。この装置は横川駅～軽井沢駅（碓氷線）間の急勾配区間に対応するため搭載されたものだ。同区間では、横川機関区のEF63形を後部に2両連結して押し上げていたため、電車は力行運転することができなかった。

　そこで協調運転回路が開発され、EF63形の操縦で電車も力行運転ができるようになった。協調運転回路を取り付けた169系との協調運転を開始した。この回路を取り付けたことで、昭和44年（1969）10月には信越急行の12両編成化が実現した。特急「あさま号」の車両もその後、181系をベースにに協調運転回路を取り付けた189系に置き替えられた。

協調運転回路が装備された車両は、横川駅で「横・軽スイッチ」をONに投入にして、電車の空気バネの空気を抜いて協調運転回路とした。最後部（東京寄り）のEF63形の本務機関士と、先頭の電車運転士とが直通電話で連絡をとりながら、電車運転士が信号確認をしてEF63形の本務機関士が運転操縦したのである。横川・軽井沢間の乗務回数を重ねていくと、顔を見なくても電話の声で今日の本務機関士は誰だか判るようになった。

昭和47年（1972）3月のダイヤ改正で急行「白山号」が特急電車となり、交流区間でも直流区間でも走行できる485系が投入された。この車両も輸送量の増強等の目的から、協調運転回路を取り付けた489系に置き替えられた。

なぜ交直両用車両が使用されるかと言うと、関東の電化区間では主に直流（真っ直ぐな電流）を使って電車を運行しているのに対し、東北、北陸などでは交流（波形電流）を使っていることに起因する。交直電車は直流区間のみを走っている電車と比べると、運転室に取り付けられた機器も多く、取り扱いも複雑だった。

首都圏と北陸地方を結ぶ特急「白山号」の運転を例にすると、上野駅から直流区間を走行して北陸地方の交流区間に入る時には、交直セクション（変換場所）を通過する。その区間を通過する前に速度アップを行い、ノッチをオフにして惰行運転とし、電流のないデット区間を走行している間に交直切り替えスイッチを交流側に切り替え、ABB（空気遮断機）を解放するのである。この一連の操作を架線に電気が流れていない、デット区間（セクション）走行中に行うのである。もし、この操作が遅れてデット区間を過ぎてしまうと「交流冒進」となって、たちまち電車の屋根は焼けただれてしまう恐れがある。

デット区間に入ると直流電圧表示灯が消え、直流メーターの針が下がり交流表示灯が点灯する。ABBの赤色灯が消え、立ちあがった交流メーターは2万ボルトを表示する。これにより電車は、安全に交流区間を走行できるようになったのである。東北本線や常磐線にもデット区間はあり、電車運転士はこの区間で同じ操作を行い安全運行に取り組んでいるのである。

国鉄は昭和28年（1953）8月に交流電化調査委員会を設置して、交流電化における問題点について各種の試験や調査を実施した。その結果、直流方式に比べてその有利性が認められ、昭和32年（1957）に仙山線の仙台駅～作並駅間と北陸本線の田村駅～敦賀駅間の交流電化を完成させた。その後、東北本線や常磐線でも交流電化を進めて、地上設備の改良、交流電車等が実用化された。直流1500ボルトだと集電電流が大きく、集電装置も頑丈なものが必要となり、電車線も太くなる。電圧降下を少なくするためには、変電所の設置間隔を短くする必要があり、設備費用が増大する欠点があった。

電車運転士になって数年が過ぎた頃から、特急電車にも乗務するようになった。当時は特急の「あさま号」や「とき号」は2人乗務だったので、先輩運転士と乗務する時はなるべく長い区間を運転するように心掛けた。数年が過ぎると、上野駅〜長野駅間の通し運転のみが2人乗務となった。気の合う仲間と乗務した時は、長野での夕食が楽しみであった。2人で相談して、横川駅名物の駅弁「峠の釜めし」を購入することもあった。

新前橋電車区の乗務員には、「乗務して行った先で宿泊、翌日の早い列車を運転して帰ってくる」という行路が一週間に二回くらいあった。そのため、食事のことが常に気がかりだった。宿泊先の近くに食堂があるのか、うまい弁当屋があるのか、自宅で弁当を作って持って行く必要があるのか、ということを「乗務行路」を見てその都度判断した。夜行列車に乗務する時は大変であった。乗務前に腹一杯の食事をすると、乗務してから睡魔に襲われる。空腹だといらいらしてくる。適度な食事をとって、睡魔に襲われない対策をとりながら乗務した。

次に私がスキー客の多い正月に、上越線の夜行臨時列車（スキー臨）に乗務した時の体験を記す。ある冬の深夜1時過ぎ、高崎駅でスキー臨を新前橋電車区の仲間から乗り継ぎ、石打駅まで運転したことがあった。水上駅では時間調整のため、長時間停車となった。私は眠気防止のために持参したコーヒーを一杯飲んで、発車時間を待った。水上駅を発車して清水トンネル抜けると、雪国の新潟県に入る。雪が降っていると信号も見づらくなるし、ブレーキの効きも悪くなる。運転士にとって、誠に嫌な区間に入って行かなければならないのだ。

そんなことを考えていたら発車時間となり、水上駅を定時に発車した。清水トンネルを抜けると思っていたとおり、雪がしんしんと降っていた。線路上には多くの積雪があり、電車の走っている音が全く聞こえてこない。1人乗務のため話かける相手もいない。フロントガラスに吹きつける、雪を掻き分けるワイパーの音だけが聞こえてくる。前照灯の明かりを頼りに運転して行くと、雪の中に吸い込まれていく感じになる。

雪をかぶった木陰から雪女がスーっと出て来そうな、そんな不気味な雰囲気を感じることもあった。馬鹿げたことと思われるかもしれないが、夜行列車を運転していると、時にはそんなことが頭に浮かんで来るのである。そんな時は頭をコッンと叩き、我に返るようにした。

降りしきる雪の中、前方にやっと越後中里駅の灯りが見えてきた。ほっとする瞬間である。雪中運転すると車輪と制輪子の間に雪が入りブレーキ力が低下するので、駅に近づくと速度を落として進入した。まるで電車がスケート靴をはいて氷上を滑っている感じで、停止目標にピタリと止めるのは至難の技であった。スイッチを入れても、車輪と制輪子が軽く圧着して雪が入らない。「耐雪ブレーキ装置」もあったが、あまり頼れる装置ではなかった。

私は雪国へ行くと、このスイッチを入れて運転していたが、ブレーキ扱いには細心の注意をした。越後中里駅、岩原駅、越後湯沢駅と停車して終点の石打駅に到着した。

乗客が降車すると、積雪が1メートルもある構内での転線入換が始まった。側線に行くと線路上の積雪が多く、電車で積雪を押し込みながら進むので脱線しないか心配になった。何とか留置線まで行き、パンタグラフを降下して留置手配をするのだが、転動防止の手歯止を車輪に装着するのが容易ではなかった。運転室を降りると、1メートルの積雪である。運転室に搭載されている木のスコップで積雪をかき分けながら装着するべき車輪まで進み車輪の周囲を掘り、やっとの思いで手歯止を車輪に装着し、運転室に戻ると腰から下は雪で真っ白だった。

雪を払い落とし駅の事務室に行く。新前橋電車区に帰る便乗列車(他の運転士が運転する列車)の発車時刻に余裕があったので、ストーブの上で沸騰していたヤカンのお湯をもらい、持参したカップラーメンを食べた。一息入れて新前橋電車区に帰り、その時の夜行臨時列車の乗務行路は無事に終了した。

当時の乗務員は、支給品である黒カバンの中に動力車乗務員執務規程、高崎鉄道管理局関係の執務標準、運転取扱基準規程(国鉄本社の規程)、関東支社運転取扱規程、高崎鉄道管理局運転取扱基準規程線路図などを入れて乗務した。カバンの中に、弁当やカップラーメンを入れるとパンパンに膨らんだ。

乗務員の職場は、一般職場に比べてどんな小さな間違いであっても絶対に許されない。勤務に就くと、緊張の連続で非常に厳しい職場であった。

第4章

蒸気機関車の廃止と復活

映画『鉄道員』で指導を担当した筆者と主演の高倉健さん。高倉さんは「一緒に写真を撮りましょう」と言ってくださり、後日この写真をわざわざ筆者あてに送ってくれた

JR 東日本が復元したD51 形 498 号機。大宮工場で初めて試運転が実施された際、筆者は機関士を担当した

八高線の通票閉塞廃止記念列車「SL 八高号」。通票は「タブレット」とも称され、国鉄時代には多くの単線区間で使用されていた

国鉄からJRに移行する直前、SL 免許取得のための運転実習の様子。梅小路機関区の構内で撮影

「ムーミン」の愛称で親しまれていた高一のシンボル EF55 形 1 号機と C58 形 363 号機が高崎駅で並ぶ

蒸気機関車の廃止と保存

「蒸気機関車を昭和50年（1975）頃までに廃止する」という国鉄の方針（「動力近代化」計画）は、昭和30年代の中頃に決められていた。

この方針が決定された背景には、蒸気機関車のエネルギー効率の低さ、蒸気機関車の煤煙が乗務員や乗客の酸欠を引き起こすという懸念、蒸気機関車の運用効率の悪さなどがあり、蒸気機関車の廃止は「無煙化」とも称され、積極的に推進されていた。とはいえ昭和30年代まで、明治から大正時代に造られた蒸気機関車も数多く残存していた。昭和10年代に登場したD51形さえも、牽引力やスピードが問題になり、近代車両への転換が急がれていた。

蒸気機関車の動力は石炭を焚いて蒸気を発生させる。蒸気機関車は、その蒸気を使ってピストンを動かし、直線運動を回転運動に変えて動輪を動かすというシステムなので、燃費や燃料効率が悪く経済的ではなかった。機関車の動力源となる、石炭燃焼の全効率（有効性）は第2章で述べたが、引張棒牽引力（機関車の連結器に発揮される引張力、すなわち客貨車を引くために有効な引張力）となって有効な仕事量に変えるまでには、石炭の持っている熱量の大部分が失われて、わずか3～7パーセントしか有効利用されないのである。つまり、1トンの石炭を火室に投入した場合、客車や貨車を牽引するために使われる石炭は、わずかに30～70キログラムに過ぎないのだから、不経済な輸送機関であると言わざるをえない。

また、蒸気機関車は運転にも整備にも多くの人手が必要で、ある種の「職人芸」を提供できるスタッフの存在が必須となる。それに比べると、電気機関車やを軽油を燃料とするディーゼル機関車は同じ形式であれば標準化された部品を使用していて、運転もマスコンハンドルの操作一つで簡単にできる。昭和30年代後半には電化区間が延び、ディーゼルカーの増備、ディーゼル機関車への置き替えが急速に進み、蒸気機関車の総数は3000両まで減少した。

昭和39年（1964）には東海道新幹線も開業して、国鉄は新しい鉄道システムの構築を本格化させた。昭和40年代になると国鉄の近代化が急速に進んでいったが、過剰投資も相次ぎ結果として債務超過となり、やがて「赤字国鉄」と呼ばれるようになった。

そのため国鉄は、赤字解消のためにも非効率的な蒸気機関車から、近代車両への取り替えを急がねばならなかったのである。昭和50年（1975）12月15日には蒸気機関車牽引の旅客列車が設定終了、同年12月24日には貨物列車の設定も終了した。翌年の3月2日には入換用の機関車も引退し、梅小路蒸気機関車館内の保存機関車を除いて、国鉄線上から全廃された。

蒸気機関車の動態保存（運用可能な状態）施設設置の動きは、昭和40年代の始め頃から国鉄部内で検討されてきた。昭和43年（1968）3月には国鉄の「第137回常務会」において、「蒸気機関車の動態保存計画について」が討議され、施設の設置候補地として栃木県の「小山機関区」と京都市内にある「梅小路機関区」が挙げられた（動態保存に対して、運用を前提としない保存を静態保存という）。動態保存の検討内容は以下のとおりであった。

1、保存蒸気機関車の選定について
○鉄道の歴史から見て記念すべき、あるいは由緒ある機関車
○いろいろな意味における1号機
○特別な意味をもつ機関車（お召列車、3シリンダー機関車）
○特別な記念的価値はないが、たまたま保存のために適した状態にある機関車

2、立地条件
○蒸気機関車の運転に支障しない線区条件
○機関区の歴史的価値
○見学者の交通の便
○周囲の観光条件

などが検討され、昭和45年（1970）1月に「梅小路機関区における十七両保存案」が磯崎国鉄総裁（当時）に了承された。

こうして国鉄における、蒸気機関車の動態保存施設が梅小路機関区に設置されることが決まった。この決定に至った最大の要因は、大正3年（1914）に建設された扇形の機関庫

が残されていることと、世界的観光地である京都市内にあるということであった。昭和47年（1972）10月には、日本の「鉄道開業百周年記念事業」として、「梅小路蒸気機関車館」（現・京都鉄道博物館）が開館し、国内初のＳＬの動態保存を目的とした鉄道博物館となった。かつて蒸気機関車の基地であった、機関区の扇形車庫を活用した施設内では、大正から昭和の代表的な蒸気機関車16形式17両が展示された。次の６両は動態保存機である。

1、８６２０形（８６３０号機）、大正時代を代表する旅客用機関車９６００形と共に日本で最初に量産された。

2、C57形（1号機）、中型の旅客用機関車「貴婦人」の愛称で知られ、山口線の「ＳＬやまぐち号」で活躍。

3、D51形（２００号機）、「デゴイチ」の愛称で知られた大型貨物機で、蒸気機関車の代名詞的な存在だった。

4、C56形（１６０号機）、小型の旅貨兼用機で「ポニー」の愛称で親しまれた。各地のイベント列車で活躍した。

5、C61形（2号機）、大型の旅客用機関車、乗務員の投炭作業を軽減するため自動給炭装置を初めて採用。

6、C62形（2号機）、超大型の旅客用機関車、東海道本線の特急「つばめ号」「はと号」、函館本線の急行「ニセコ号」を牽引して活躍。

私自身も梅小路の蒸気機関車との縁は深い。ＳＬ運転免許継続申請のため、動態保存機Ｃ56形１６０号機を使用して梅小路機関区構内を運転しながら機器取り扱い実習や、山口線の「ＳＬやまぐち号」のＣ57形１号機に乗務して本線での運転実習を行ったことがある。

国鉄の分割民営化と小郡運転区での研修

昭和43年（１９６８）10月、国鉄は新しい時代の鉄道へと脱皮するため、大規模ダイヤ改正を行った。その一環として両毛線も電化され、一括制御できるＣＴＣ（列車集中制御装置）が導入された。全面的に蒸気機関車が姿を消し、電車と電気機関車に代わった。

前述したが、高崎第一機関区（高一）も昭和46年（１９７１）10月１日に新基地に移転されるとともに、ディーゼル区となった。同時に蒸気機関車が姿を消した。

国鉄末期の激動の時代を経て、国鉄の分割民営化が実施された昭和62年（１９８７）には、埼玉県の秩父鉄道で蒸気機関車の復活運転が計画された。だが、秩父鉄道には蒸気機関車の運転や整備のノウハウがない。そのため、国鉄でＳＬ乗務員の再教育訓練実習が実施されることになり、私を含めた10名の蒸気機関車の機関士経験者（高一５名、新前橋電車区５名）が指名された。秩父鉄道の蒸気機関車牽引列車は「88さいたま博覧会」の開催に合わせて企画されたもので、埼玉県北部観光事業団が運営を担い、運転区間は秩父鉄道の熊谷駅〜秩父駅間が予定された。

牽引機には、埼玉県吹上町立吹上小学校（当時）で静態保存されていたC58形363号機が選定された。国鉄は昭和62年（1987）3月6日に車籍を復活させ、高崎運転所で整備した後、8月に全般検査のため大宮工場に入場させた。私たちはこの機関車の復活運転実施のため、国鉄の民営分割前に蒸気機関車の運転実績を積んで、分割後に交付を受ける必要があった電気車と蒸気車の「動力者運転操縦免許証」を取得しなければならなかった。

それには、免許申請前の蒸気機関車の運転実績が必要条件であった。申請前に運転実績がないと、蒸気車の運転免許は交付されないのだ。そのため、高崎鉄道管理局は急遽、先の10名を指名したうえで昭和62年（1987）2月に京都の梅小路機関区に5日間派遣し、蒸気機関車の運転実績を積む訓練を実施した。

国鉄内には運転免許制度がなかった。国鉄内で行う機関士の昇進昇格試験に合格すると、「何月何日、いつどこ機関区の機関士を命ずる」との発令を受ける。すると、その日から機関士としてSLを運転することができた。しかし分割民営化の後には、国土交通省が行う国家試験に合格して発行される「動力者運転操縦免許証」（車種「電気車・蒸気車・内燃車」ごとの免許）を取得しないとSLの運転ができなくなる。分割民営化時の特例措置として分割民営化前に乗務していた車種（形式）には、運輸省（現・国土交通省）から「動力車運転操縦免許証」が交付されることになった。そのため、私たち10人は梅小路機関区や小郡運転区に派遣された後、複数の形式（C56・57）に乗務し運転実績を積んだのである。梅小路機関区ではC56形の160号機を使い、構内を行ったり来たりしながら運転実績を積んだ。各機器の取り扱いチェック、焚火作業に励みながらSL時代の感覚や感触を懸命に取り戻した。

さらに3月18〜23日までの6日間、今度は山口県にある広島鉄道管理局の小郡運転区に派遣された。私たちは山口線で運転していた「SLやまぐち号」のC57形1号機に乗務させてもらい本線の運転実績を積んだ。山口線のSL運転は昭和54年（1979）8月1日から、梅小路機関区で動態保存されていたC57形の1号機を使用し「SLやまぐち号」として運転を開始していた。国鉄初のSL動態保存列車として、小郡駅〜津和野駅間を走行し大いに話題を集めた。私たちは、小郡運転区の近くにある保養所に宿泊しながら運転区に通い、小郡駅〜津和野駅間でC57形1号機に乗務し、小郡運転区の機関士と機関助士の運転取扱方法や、機器扱いを見せてもらいながら実際の運転も体験した。

山口線は、小郡駅を発車して少し行くと緩やかな上り勾配となり、津和野の手前から下り勾配となって津和野駅に進入して行くという、比較的分かりやすい線区であった。だが、私たちの中には現役時代のC57形の運転経験者が1人もいなかったので、少し不安を感じながらの運転となったが、充分に運転実績を積むことができた。民営分割を前に忙しい日々を送ったが、この体験が私の人生に大きな変化をもたらす契機となった。

昭和62年2月12日、東日本旅客鉄道株式会社（JR東日本）設立委員会の委員長より、「昭和六十二年四月一日付けで採用する」との決定通知が届いた。翌月には設立委員長から、「四月一日付けで所属は高崎運行部、勤務箇所は高崎電車区、職名は主任運転士」との通知も届いた。いよいよ分割民営である。民営分割前に実施された厳しい意識改革の教育や、団体行動訓練が頭の中に浮かんできた。高崎鉄道管理局は、「東日本旅客鉄道高崎運行部」と変わり、ほどなく高崎支社となった。

ヨーロッパへ研修派遣

平成6年（1994）5月、「ヨーロッパのSL保存調査に伴う打ち合わせ会議に出席して下さい」、との通知が高崎支社から私のもとに届いた。当日、高崎支社の会議室に行くと、本社運輸車両部運用課の主席、支社の運輸部車務課長、数人のSL仲間が出席していた。会議が始まると、車務課長より会議の趣旨説明があった。要約すると次のような内容であった。

「蒸気機関車（以下ＳＬ）は、鉄道創設以来、長く列車牽引の主力を占めてきたが、動力の近代化によって、昭和51年（１９７６）３月、北海道の室蘭本線追分駅構内の入換を最後にその姿を消した。しかしながら、その勇壮な姿からＳＬによる営業運転の要望が強く、当社においても昭和63年（１９８８）11月にＤ51形４９８号機を復元し、現在までに延べ１５０回以上の営業運転を行った。Ｄ51形の復元までに10年以上の歳月を要し、復元してから６年が経過しているため、車両構造や運転操縦技術の教養が必要であるが、これらの教本等多くの資料が散逸した状況にある。

一方、鉄道先進国である欧州各国では、保存鉄道の運営や鉄道博物館の開設が早くから進められており、技術継承が途切れた日本に比べると数多くの重要な鉄道施設、車両保存、豊富なＳＬ保存鉄道の運営のノウハウ等を持っている。このようなことから、欧州の鉄道におけるＳＬ保存鉄道の実態および車両、運転操縦などの技術の保存状況を調査し、今後のＳＬ保守技術の向上、ＳＬ機関士養成に対する技術継承の在り方、及びＳＬ運転の在り方について考察する」

以上の目的により、平成６年（１９９４）６月７日～16日に欧州に調査団を派遣するとのことだった。

会議の終わりに課長が、「ここに出席している人は、全員調査団に参加してもらいます」と言ったのでビックリした。私は家に持ち帰って子どもたちに相談すると、快く送り出してくれた。保存調査団に加わった私には、6月1日に出張内命書が出た。それ以降は準備に追われる日々となった。

同年6月7日、東京駅で本社の社員に見送られ、調査団の6人は成田空港に向かい、フランクフルト（ドイツ）に向かう便に搭乗した。ロシア上空を飛行し、フランクフルト空港に到着、乗り継ぎ便でワルシャワ空港（ポーランド）に着陸した。空港には吉野さんという方と通訳が出迎えてくれた。ポーランドはヨーロッパ全域のほぼ中央にあり、国土の約90パーセントが海抜300メートル以下の平地で、長年続いた社会主義の長所と伝統的なヨーロッパ文化が結びついており、国民の祖国愛は非常に強いとのことだった。日本はポーランドを支配していたロシアを日露戦争で破ったことから、伝統的に親日的とのこと。私たち保存調査団もポーランド鉄道のドンブロスキー副総裁をはじめ、関係者の皆様に心温かく出迎えてもらえた。

ポーランド鉄道（国鉄）は1842年の創業で、東欧諸国の中でも古い鉄道である。第二次世界大戦で約3分の1が破壊されたというが、基幹交通機関として復旧整備され、鉄道の利用者もヨーロッパ各国と比べると非常に多いという。貨物輸送は旅客輸送の2倍以上で、そのうち国内産の石炭輸送が40パーセントを占めていた。この国内産の石炭を活用して一部にSLが残っていたが、2000年までに電化区間を70パーセント以上に、90パーセントの列車を電気運転にする予定とのことだった。この日は空港からホテルに直行し、翌日の準備をした。

翌8日はクラフク近郊のハブウカSL保存公園に行き、SL職場の見学と保存状態の実態調査を行った。ハブウカSL保存公園は「公園」との名称とは裏腹に、実際にはハブウカ駅に隣接した広大な車両基地（現役）として機能していた。園内には、SL、ディーゼル機関車、電気機関車のほか、園内のSL牽引用に整備されたレトロ調の客車が留置されていた。

敷地内には45両のSLが保存されており、そのうち7両はハブウカ駅を中心とするローカル列車の現役牽引機だった。静態保存されているSLは野晒し状態で置かれているが、それでも整備状態が良好で、少し手を加えるだけでいつでも現役に復帰できるように思えた。日本のように技術継承が途切れるという状況もなく、技術者も多数存在し、伝統的な価値があるものとして大切に保存されているようであった。

ポーランド蒸気機関車は、小型の機関車は4動輪で、日本のD51形クラスの機関車では5動輪が多かった。これは線路の曲線が緩やかで、牽引両数が多くても空転せずに牽引できるよう工夫して製作された証拠である。走り装置については、日本のSLとほとんど変わりはなかった。運転室は機能的には日本と変わりないものの、非常に簡単に造られており、余計なものは一切付いていなかった。ATSに類する装置はなく、速度計も付いていなかった。機関士は右側（日本は左側）の運転席に座って運転する構造になっていた。日本の機関車に比べると、外観は大正末期から昭和初期の機関車によく似ている。各蒸気止め弁、加減弁、逆転機もオーソドックスで日本のようにキメ細かな運転をするのには不向きな感じがした。

このSL保存公園は、検修職場も一体となっていて、見学者は検修作業も見学できるようになっていた。日本では傷害事故防止の観点から一般の立ち入りは厳しく制限されていたので、とても新鮮に感じた。現場の社員とは意見交換もしたが、石炭の節約と、機関車を末長く大切に使用しようとする心掛けに感心した。それは、無火機関車の点火方法と手順を見ているだけで解かった。日本では無火機関車に点火した場合、4～5時間かけて缶圧を定圧近くまで上昇させ、缶水を充分補給し、缶圧を保ちながら保火（石炭を燃やし続ける作業）して本線運転を待つのだが、ここでは点火して缶圧が2～3キロになると保火をして、翌日、機関車が本線を運転するまで時間をかけて定圧にするのだという。なぜかと尋ねると、この方法だと機関車各部への負担が少なく、石炭の節約にもなるという。誠にその通りだった。

ポーランドの冬は寒く、零下10～20度にもなるという。冷たい機関車を一気に加熱して蒸気圧を上げれば、ボイラーはたちまち駄目になってしまう。また、こんな寒い中、缶圧を保持するのも容易ではない。保火用の石炭の使用量も馬鹿にならない。いい勉強になった。

見学したあとザコバネに行き、ポーランド国鉄の担当者と同国のSLの現状と保存について意見交換をした。夜にはポーランド国鉄副総裁のドンブロフスキーさん主催のレセプションが開かれ、日本国旗とポーランド国旗を掲げた会場で夕食をともにした。初めての体験で緊張の連続だったが、子羊のステーキがとても美味しかった。

6月9日にはハブウカからクラクフまで、レトロ列車（客車）を牽引する蒸気機関車の運転室に乗せてもらい、ポーランド鉄道の機関士と機関助士の作業を見学した。運転室はハブウカSL保存公園で見た機関車と同じ様式で、必要な機器はそれぞれ空いているところに取り付けられており、速度計は未設置だった。焚火に使用していたスコップは日本の3倍くらい大きく、石炭も子どもの頭ぐらい大きい物がたくさん混じっていた。

ポーランドのSLには排気膨張室がなく、シリンダーでピストンを動かした蒸気が直接吐き出しノズルに行き、煙突から勢いよく吐き出すので、排気音が大きく、誘引通風（シリンダーで使用した蒸気が煙突から排気される時に起こる風）が強いので大きな石炭を使用していることが理解できた。機関士は髭をはやし体格がよくて風格があり、時どき解からない冗談を言って一人で笑っていた。機関車の各機器名も英語で言ってみると何とか通じ合うことができたので、通訳なしで意志の疎通ができた。

機関士の運転操作を観察すると、逆転機は50パーセントで加減弁を全開にして走行していた。日本ではよほどの勾配線区で、定数いっぱいを牽引していない限りこんな運転はしない。運転は荒っぽく日本の運転方法と比較すると、きめ細かさがない。運転室には時刻表も掲出されていない。運転時分への関心は薄いようで、多少の遅れは気にしていない様子だ。しかし、信号への注意は怠らず、安全意識の高さを感じた。広い草原を大きな排気音を響かせて走るＳＬは爽快で、ポーランド鉄道でなければ味わうことができない多くの体験ができた。

フランスとイギリスのＳＬ展示方法

10日は移動日で、ワルシャワ空港からシャルル・ド・ゴール空港（フランス・パリ）に行き、ＪＲ東日本のパリ事務所に寄って懇談した。その後、パリ事務所長の案内で、フランス国鉄のサン＝ラザール駅を視察した。ポーランドと違い、同駅は乗客が多く活気があった。上野駅の地平ホームと同じように、列車が到着すると折り返し運転となる駅であった。列車の折り返し運転は、牽引してきた機関車が最後部となって後ろから押し、列車の最後部であった車両には簡易運転台が付いていて、これを使って折り返し運転をして行くのである。上野駅～尾久駅間の回送列車の運転方法と似ている。機関車の付け替え作業がなく、無駄な時間を省略して合理的な運転方法であった。

11日は、オルリー空港（パリ）からフライトしてミュールーズ空港に向かった。フランス鉄道博物館（シテ・デュ・トラン）の見学である。この博物館は、ドイツ国境まで2～3マイルのフランス東部のミュールーズ市にあり、開設は１９７６年7月。ヨーロッパの中では最も重要な鉄道文化財を収蔵している博物館である。

ここでは29両のＳＬを中心に、電気機関車５両、ディーゼル機関車２両、ディーゼル動車６両、客車25両、寝台車１両、食堂車１両、プルマンカー（プルマン社製の豪華客車）１両などの珍しい車両が整然と展示されており、これらの大部分がフランス国鉄とワゴンリー社が使っていたものである。屋内に保存され手入れが行き届いているため、どの展示物も奇麗でよく整備されていた。館内には６本の線路があり、展示用に施設されているレールはミュールーズ駅の側線に接続されていて展示車両はフランス国内を始めとする、各地に出動できる体制になっていた。

羨ましい限りである。また展示物の中には、実物の機関車を真上から半分に切断した車両もあった。教育用に切断されたとのことで、内部の構造から走り装置まで一目で分かる。生きた教材そのものであり、非常に興味深い資料と感じた。

代表展示物には、アビニョン・マルセイユ鉄道で活躍した６号ＳＬの「エルグ号」（１８４６年製）や、フランスに現存する最古のＳＬ「サン・ピエール号」（１８４４年製）、初期の流線形ＳＬ「Ｃ１４５機」（１８９０年製）、オリエント急行などの列車で活躍した豪華客車、ワゴンリー車などが挙げられる。中でも試作電気機関車で、１９５５年に時速３３１キロメートルの世界最高記録を樹立したＢＢ９０００４号機を見た際には深い感銘を受けた。

6月12日は移動日で、パリからヒースロー空港（イギリス・ロンドン）に飛び、ホテルに直行した。13日はイギリスのキングス・クロス駅から列車に乗り、ヨーク駅の近くにあるイギリス国立鉄道博物館を訪ねた。この博物館は、ロンドンの国立科学・産業博物館の分室で、1975年9月27日に開設された。国立鉄道博物館の前身は、1925年にロンドン・アンド・ノースイースタン鉄道がヨークの鉄道工場内に開設した博物館であった。現在の国立鉄道博物館は1968年、運輸法により設立された。

博物館のメインホールは、古い機関区の雰囲気を残しながら明るく広々とした空間を造りだしている。ターンテーブル（転車台）を中心に機関車が放射状に並び、日本の旧国鉄時代にあったSL庫を思い出させる。イギリス国鉄の建築技術陣のSL保存に対する思いが、ひしひしと伝わってきた。この博物館のターンテーブルもイギリス国鉄のヨーク駅構内から側線で結ばれ、側線の脇には給水塔もある。メインホールから出したSLは、すぐに本線上を走れるようになっており、ミュールーズと同様に博物館の機関車や車両は、各地の鉄道イベントへの貸し出しや、本線上の特別列車として運転できる体制となっていた。

この博物館で最も目を引いた展示物はやはり世界最初のSLで、点火をすればいつでも走れる状態にある1829年製作の「アゲノリ号」と、もう一つはSLで時速203キロメートルの世界最高速度を記録した「マラード号」である（現在も不倒の記録）。各種、各時代のSLが年代順に整然と並べられていて、SLの機能、構造がどのような変遷を経て改良されていったのか、見学者に理解しやすいよう展示の工夫がなされていた。この博物館を見学したことで、私自身もそれまで疑問だったことが解決できたと思う。この博物館には、SLの父と言われるジョージ・スチーブンソンの像も収蔵されていた。このほか、「イーブニング・スター号」（イギリス国鉄が1960年に製造した最後のSL）、「ロケット号」の複製、「ビクトリア女王用御料車」（1869年製）など著名な車両を中心にじっくりと見学した。

14日はブリッジノースにある、セバン・バレー鉄道の見学に出かけた。この鉄道は、1967年にイギリス国鉄がSLを廃止した際、これを買い取りキダーミンスター駅からブリッジノース駅までの約29キロを結ぶ区間を、SLによって営業運転しているSL保存鉄道である。ブリッジノースには、車両基地と修繕工場があった。

修繕工場はJR東日本高崎運転所のSL庫より、一回り大きな修繕工場であった。工場内を見学させてもらうと、すばらしい技術を持った先輩が、若い社員にボランティアで一生懸命技術を教えていた。工場長の説明によると、セバン・バレー鉄道は社員が50人でボランテアが300人もいるという。この工場内には10数名の社員が働いていたが、新たなSLを製造する力と技術を持っている社員ばかりであるという。わずか3人で機関車のボイラーや、内火室を製作しているところを見せてもらったが見事な出来栄えであった。セバン・バレー鉄道の経営形態にも驚いたが、若い社員が熱心に業務に取り組んでいる姿にも感銘を受けた。

我われも現状に満足することなく常に研究を重ね、より以上の技術を求めて精進して行くことを参加者全員で誓いあって、セバン・バレー鉄道をあとにした。

15日、ヨーロッパのSL保存調査研修の最後の日であったので、イギリス地下鉄の乗車体験実習をした。ロンドン市内観光地図と地下鉄の線路図をたよりに、交代でリーダーになり研修チームを案内する方法で行われた。

イギリスの地下鉄は、円筒トンネルになっているので、地元では「チューブ」と呼ばれている。ホテルの地下にあるマーブルアーチ駅から出発してロンドン・ブリッチ駅へ。そこからタワーヒル駅、セントジェームス駅と移動したが、外国人でも理解しやすい駅や車内の標記類に助けられ、何の心配もなく乗り継げた。バッキンガム宮殿の衛兵が交代する様子も見学できたが、その古式ゆかしい儀式には驚いた。

ロンドン市街地を歩いていると、あちこちで歩道の修理工事をしていた。切り石の歩道であったがだいぶ傷んでいた。日本であれば全部はがして新しいアスファルトなどを使って全面舗装するのだろうが、イギリスは違った。割れたりしている切り石を丁寧に取り外して、その場で新しい切り石を、割れた切り石と同じ形に加工してはめ込んで修理をしていたのだ。さすがはイギリス、「伝統と古い物を大切にする国」だと思った。ウエスト・ミンスター駅よりマーブルアーチへ戻ると、イギリス地下鉄の乗車体験実習は終了した。たいへん勉強になった１日であった。

ヨーロッパのＳＬ保存調査に夢中になり、アッという間に過ぎた10日間であった。ヨーロッパはＳＬに限らず、古い物を大切に保存し後世に残している実態を知ることができた。この調査で学んだすべてを、日本でもこれから永く続くであろうＳＬの保存と、後継者の育成に活かしていきたい。私は強く決意したのだった。

６月16日15時30分、調査団一行はＪＡＬ４０２便で成田空港に帰着し、ＳＬ保存調査研修は無事に終了した。

オリエント急行とD51形４９８号機の活躍

話が前後して恐縮だが、ここからの記述はいったん昭和60年代に戻る。

D51形は、昭和11年（１９３６）から昭和20年（１９４５）にかけて、１１１５両という空前の両数が量産された国鉄を代表する貨物用機関車である。良好な性能により、蒸気機関車の終焉期まで全国各地で活躍した形式だった。

D51形４９８号機は、昭和15年（１９４０）11月に鉄道省鷹取工場（神戸）で製作され、晩年は羽越本線の貨物列車を牽引していた。昭和47年（1972）10月、八高線で運転された「鉄道100年記念列車」の牽引機として、新潟県の坂町機関区から高崎第一機関区へ貸し出され、運転終了後は廃車となって上越線の後閑《ごかん》駅構内で静態保存されていた。

JR東日本がこの静態保存されていた、D51形498号機を動態保存機として復元するために復線させ、高崎運転所に回送されたのが昭和63年（1988）3月15日のことであった。

同年6月13日からはJR東日本の大宮工場で復元工事が施工され、11月中旬に大宮工場の試運転線を使っての試運転が実施された。この試運転実施に際して、私は大宮工場に派遣された。試運転でどんなことを試験したいのか、大宮工場の担当者と事前打ち合わせを行ってから試運転線に出た。奇麗に復元整備された、D51形498号機に乗務すると少し緊張したが、復元後、試運転とはいえ最初の運転を任されたことが嬉しく誇らしくもあった。担当者も運転室に乗ってデータを取りながらの運転であったが、まずまずの試運転結果を示すことができた。

11月22日には、大宮工場で「復元完成式」が行われた。そして、11月25日の早朝に高崎運転所へ回送された。高崎運転所で整備された後、上越線で本線試運転が実施された。上越線での試運転が順調に終了すると、D51形498号機の初仕事として「オリエント・エクスプレス88」（オリエント急行）を牽引することが決まった。オリエント急行の機関士には、秩父鉄道の出向からJR東日本に戻っていた先輩たちが指名されたが、私もこの列車の上野駅～大宮駅間を牽引した後、東大宮（操車場）に回送された本機の監視と保火作業を担当した。

「オリエント・エクスプレス88」は、フランスから海を渡って日本に来た豪華客車で、期間限定で日本国内を走ったイベント列車である（主催はフジテレビ）。この豪華客車は私がヨーロッパにＳＬ保存調査に行った時、フランス鉄道博物館に展示されていたワゴンリー社（オリエント急行などで活躍した豪華客車）と同形のものであった。同年12月23日に「オリエント急行」の国内運行の最後を飾った４９８号機は、次位にＥＦ58形61号機を従え、重連運転で上野駅～大宮駅間を快走したのだ。前照灯を点灯させ、安全弁をふかし汽笛を吹鳴しながら快走する姿は、沿線住民をはじめ多くのＳＬファンに大きな感動を与えた。

元号が変わった平成元年（１９８９）３月11日、「ダイヤ改正記念号」が運転された。４９８号機が旧形客車６両を牽引して、上越線の高崎駅～水上駅間の営業運転の嚆矢なった。私はこの時から機関士として、復活デゴイチ（Ｄ51形）のイベント列車に携わるようになった。この列車の営業運転開始に先立ち試運転が行われた。私は機関士、先輩が機関助士を担当した。ＳＬで上越線を運転するのは初めてであったので、無理をしないように機関助士の様子を見ながら加減弁や逆転機を調整しながら運転したが、機関助士が蒸気上げに追われてしまった。途中で私が機関助士となって焚火作業を担当したが、同じように蒸気上げに追われた。試運転終了後、検修担当に蒸気の上がりが悪い旨を報告し点検を依頼した。

記念号の営業運転日には、高崎運転所のＳＬ庫で入念な火床整理と出区点検を行い、高崎駅に出区していくと、ホームは鉄道ファンやＳＬファンでいっぱいだった。出発式には高崎市長やＪＲ東日本高崎支社長が出席し、花束をもらいブラスバンドの演奏に送られ高崎駅を定時に出発した。私が機関士で運転を担当し、先輩が機関助士で焚火作業を担当したが、試運転時と同様に蒸気の上がりが悪く苦労した。停車駅で缶水を満水状態に補充し、缶圧は定圧の15キロにしてから発車したが、次の停車駅までには缶圧は下がり定時運転に苦労しながら、やっとの思いで終着駅である水上駅に到着した。先輩も汗をかきながら焚火作業に取り組んだが、思うようにいかず悔しい思いをした。

ＳＬは火室内に投入した石炭が燃焼して、その燃焼ガスが煙管を通りながらボイラー内の水を加熱して蒸気を作り、その蒸気を使ってピストンを動かしながら走る（前述）。そして、ピストンを動かした蒸気は、吐き出しノズルから噴出し、煙室内の燃焼ガスや煙を誘出しながら煙突から吐き出される。これによって煙室内は真空状態となり、火室内に誘引通風が発生し石炭の燃焼効率を上げるのである。燃焼効率が上がれば、当然、蒸気の上がりがよくなる。

後で解かったことだが、「ダイヤ改正記念号」の運転で蒸気が上がらなくて苦労した原因は、煙突の中心と吐き出しノズルの中心のズレであった。吐き出しノズルの中心と煙突の中心がずれていると、煙室内の真空作用が緩慢となり火室に充分な誘引通風が発生しない。すると、火室内の石炭の燃焼効率が低下して、蒸気の上がりが悪くなるのである。

この列車の運転で苦労した原因が、煙突の中心と吐き出しノズルの中心のズレだったとは思いもしなかった。SLの調整は微妙であるがゆえに最高の運転技術が必要とされている。運転には苦労はしたが、高崎駅での華々しい出発式、沿線に集まった多くのカメラマン、また水上駅で降車した乗客から多くの笑顔が向けられた。栄えある記念列車の運転を担うことができ、いささか誇らしかった。

平成元年（1989）4月1～7日は復元記念「SL奥利根号」が運転され、調整された機関車は蒸気のあがりもよく絶好調で、何の心配もなく一週間にわたる運転期間を無事に終了した。同年8月6日には、「八王子駅開業100周年記念号」が八王子駅～高麗川駅間で運転され、私が機関助士で先輩が機関士であった。ダイヤ改正記念号と逆の担当である。私が機関助士見習いの頃は、八王子駅まで乗り入れていたので少しの心配もなく乗務できた。機関助士見習いだった頃は、箱根ヶ崎駅～東福生駅間は早朝の運転となっていたが、線路敷地に隣接する米軍横田基地内の住宅で、兵士が見送りに出た奥さんと玄関先で熱い抱擁をしていたのをよく見かけたものだった。横田基地前を久々に走行してみると、昔の光景が思い出された。

その後、D51形498機は大宮工場で新型のATS機器の取り付けを行い、ATS-P形設置区間でも走行できるようになり、同年8月には京葉線の蘇我駅～舞浜駅間のイベント列車を牽引した。同年10月には奥羽本線の大館駅～弘前駅間のイベント列車を牽引、11月になってようやくホームグランドの上越線に戻ることができ「SL奥利根号」の牽引機に充当された。

平成2年（1990）になると、機関車の前に郡山工場で新製されたスノーブローが取り付けられた。これは線路上の積雪を線路外に除雪する装置である。磐越西線の郡山駅～会津若松駅間の「SL磐梯・会津若松号」で、スノーブローを付けたD51形498号機が初めて運転された。4月1～3日に羽越本線の新津駅～坂町駅間で運転された「うるおいの新潟号」でもスノーブローを付けたまま運転した。現役時代のホームグランドに里帰りして走ったD51形498号機は、どんな思いで走ったのだろうか。5月以降のD51形は、「SL奥利根号」「ロマン銀河鉄道SL90」「SLコニカ奥久慈号」「高崎市制90周年記念号」「SL紀行陸東号」などの各イベント列車を牽引し活躍した。498号機はそれぞれの運転線区で、大勢のファンから大歓迎を受けた。

平成3年（1991）になると、中間検査を終えたD51形は、1月19日～20日に旧型客車5両を牽引して雪の上越線を走った。雪景色の中を走るSLは何と言っても絵になる。最高の編成で最高の走りができた。その後、東北支社での東北本線100周年記念列車「SLポッポくん号」を始め、数かずのイベント列車が運転されたが、盛岡支社や千葉支社にはSL機関士がいたので、当初は盛岡地区や千葉地区のイベント列車では彼らが運転してくれた。その後、年齢とともに退職や転職により各地で機関士が減少すると、高崎のＳＬ機関士がイベント先に出張して運転を担当するようになった。

平成４年（１９９２）２月１〜２日には、磐越西線で盛岡支社による「ＳＬ磐梯会津路号」が運転され、私は先輩と２人で会津若松機関区へ出張した。雪原を走るＳＬの運転は気持ちがいいが、上り勾配に行くと簡単ではなかった。私は20〜30センチの積雪の中を運転したことはあるが、１メートル以上の積雪がある中を運転した体験はなかった。

会津若松駅〜郡山駅間の運転を先輩が担当し、私は郡山駅〜会津若松駅間の運転を担当した。郡山駅を出発して磐梯熱海駅までは順調なのだが、磐梯熱海駅を発車するとすぐ上り勾配となる。中山宿駅までは空転させないようシリンダー圧力や逆転機の位置を調整しながら上っていくのだが、中山宿駅がスイッチバックの駅であったので入駅には神経を使った。中山宿駅の手前で上り勾配が終わり、スイッチバック線のストップまで走行し、そのあと退行運転で中山宿駅に入駅した。１メートルを超える積雪の中で、大勢のカメラマンが出迎えてくれたのは嬉しかった。中山宿駅で列車を所定の位置に停止させると、ホッとした。

中山宿駅を発車すると上り勾配が続き、トンネルに入る。煙突から黒煙を出さない焚火方法で蒸気を上げなければならない。ここが機関助士の腕の見せ場である。私は会津若松機関区でも、経験豊富なベテラン機関助士が一緒に乗務してくれたので、何の心配もなくトンネルを抜けられた。トンネルを抜けると下り勾配となり、ブレーキを使いながら終点の会津若松駅に向かって走るのである。途中の雪原には多くのカメラマンがいて、ＳＬの勇姿をカメラに収めている。機関助士が「少しサービスしてやるか」と言い、焚火（スコップで石炭を火室投げ入れる）した。すると煙突から黒い煙が立ちあがった。さらに機関助士は、煙の様子を見ながら投炭の量を調節した。サービス満点の心掛けである。

私も煙突から立ちあがる煙を見て、「おっ、丁度いい煙だ」と言って、汽笛を一発鳴らした。同乗していた指導助役も機関助士をほめた。遠くを見ると、カメラマンたちが喜んで手を振っていた。機関助士と顔を見合わせ、ほほ笑んだ。上り勾配を走行している時は、排気蒸気と燃焼ガスが一緒に排出されるのでカメラマンたちにとって迫力ある写真が撮れる。だが、下り勾配では惰行運転となるので、煙突からあまり煙は出ない。カメラマンは適度の煙をほしがるが、機関士にとってその調節は難しい。サービス精神がないとできない技なのだ。

夕方、会津若松駅に到着すると、機関車の下廻り部分には雪がいっぱい付着し、下車するステップ台は凍っていた。最終日に会津若松駅に到着した際には、ホームには和太鼓演奏と着物姿の若い女性が花束を抱えて待っていた。機関助士と一緒に花束をいただき、記念写真におさまった。花束は何度もらっても嬉しいものだ。記念写真の撮影が終わると、すぐに入換作業を開始し、牽引してきた車両を側線に留置させ、最後に機関車を会津運輸区に入区させると、イベント列車の運転が終了した。

会津冬紀行「ＳＬ磐梯・会津路号」では二回出張したが、積雪が多い中での運転には神経を使うことが多かった。だが、二回とも同じベテラン機関助士と乗務でき、よい思い出になった。

「ＳＬ八高号」と「炎立つ号」の運転

平成６年（１９９４）５月29日、八高線で通票閉塞方式廃止を記念して企画された「ＳＬ八高号」が、高麗川駅～高崎駅間で運転された。試運転もなく一発勝負の運転になるとのことだったので、先輩たちは「試運転もしないイベント列車の運転はできない」と言って断わった。

私は高崎支社に試運転をするよう申し入れをしたが、高崎支社から「八高線でのＳＬ運転は久し振りなので、どんな状況になるか予想できない。一発勝負でお願いしたい」と言われてしまった。仕方なく、私が機関士として運転を担当する羽目になった。機関助士は、八高線の乗務経験がある後輩にお願いした。

当日は、高麗川駅までＤＣ列車に便乗した。構内に留置してあった機関車に行くと、駅周辺は人、人、人でいっぱいで異様な雰囲気を感じた。出区点検をして、入換開始時間を待った。駅社員の合図で列車をホームに据え付けると、乗客は我先に列車に乗り込んだ。ブレーキ試験を終了させ、発車時間を待った。これから走行する八高線の線路脇が大変な騒ぎになっているとは、私も機関助士も添乗していた指導助役も気づかなかった。

高麗川駅を発車すると線路の両側は、ＳＬを一目見たい人、写真を撮りたい人たちでいっぱいであった。私が汽笛を吹鳴しながら走行して行くと、ＳＬの走って来る姿を見たくて一歩前に出る、後ろの人はさらに一歩前に出る、すると遠い人は線路の中に入ってまでＳＬが走ってくるのを見るという状況だった。

私は汽笛を鳴らしつづけ、指導助役は拡声器で「どいてください。どいてください」と叫びながらの運転となった。機関車が来ると人垣は慌てて線路の両脇に出ていくのだが、いつ人身事故が起きても不思議でない危険な状態であった。それまで何度もイベント列車を運転してきた私だったが、こんな状況を経験したのは初めてだった。高崎駅に到着するまでに何回も非常ブレーキで列車を止めたが、人身事故もなく、何とか10分遅れで無事に高崎駅に到着した。イベント列車では見物者が集まらないと寂しいが、集まり過ぎて怖い体験をしたのはこの時が初めてであった。

平成4年（1992）3月7～8日には上越線の高崎駅～水上駅間の「ＳＬ奥利根号」で、Ｃ58形363号機（当時は埼玉県北部観光振興財団所有）とＤ51形498号機による重連運転が実施された。

重連運転はSLの全盛時代には各線区で行われていたが、D51形が復活してから初めての体験であったので、SL全盛時代の資料を探し出し担当者との間でミーティングを行い、当日の運転に備えた。先頭D51形の本務機関車の機関士は先輩が担当し、私はC58形の補助機関車（次位）の機関士として運転を担当した。

重連運転では、補助機関車が本務機関車の速度に合わせてタイミングを取りながら運転していく。本務機関車と補助機関車の機関士は汽笛合図のみで連絡を取り合うのだ。発車時はもちろんだが、運転の途中で力行運転から惰行運転に移る時も、本務機関車が「適度の汽笛一声・短急汽笛二声（ぽー・ぽっぽ）」と吹鳴すると、補助機関車も同じ汽笛合図を吹鳴し惰行運転に移るのである。この汽笛合図を録音したくて、沿線に陣取るファンもたくさんいた。

また、惰行運転から力行運転に移る時は、「短急汽笛二声（ぽっぽ）」を本務機関車が吹鳴すると、補助機関車も同じ汽笛合図をしてから力行運転に移るのである。重要なのは、本務機関車が力行運転に移ったあとに、補助機関車が力行運転に移るという順番である。また力行運転に移った際には、補助機関車が本務機関車より力を出し過ぎないよう、バランスよく運転することが必要だった。そのため、実は補助機関車の方がより神経を使う。これらの取り扱いがしっかりできないと、客車に衝動を与えてしまうのである。重連運転は神経を使うが、重連の勇姿を写真に収めたいファン、汽笛吹鳴を聞きたい多くのファンはことのほか喜んでくれた。終わってみれば重連運転を担当できて本当によかったと思った。

平成5年（1993）は後継者の養成準備と、2月6〜7日に運転される、磐越西線の会津冬紀行「SL磐梯・会津路号」の出張運転で始まった。

5月には埼玉県大宮市日進町の中央研修センターで、「甲種蒸気機関車運転講習課程」が開設された。私はSL担当の指導担当運転士だったので、上司や先輩たちと相談して、高崎電車区から1人、新前橋電車区から1人を選抜して、この講習課程に送り込んだ。

7月になると高崎運転所構内で、講習課程に送り込んだ人たちの出区点検や運転取扱い訓練の実務講習が実施された。8月になると学科講習が修了し、上越線での技能講習が始まった。私は先輩と共に指導操縦者として乗務講習を担当したが、10月になると東北本線の盛岡駅〜一ノ関駅間で、NHKの大河ドラマ放映記念で企画された、「SL炎立《ほむらた》つ号」というイベント列車が運転され、乗務講習を一時休みにして、私と先輩の2人は盛岡運輸区へと出張した。

盛岡運輸区に行くと、かつてSLに乗務していた指導担当運転士が、東北本線の線路図を開いて細かく教えてくれた。一緒に乗務する機関助士も紹介され、翌日からの2日間は指導担当運転士と、信号機の建殖位置や線路の特徴を覚えるため、東北本線の営業列車（電車）の運転室に乗って線見をした。すると、一つ心配ごとができた。通常走っている電車の合間をぬってイベント列車を運転するので、運転時分がかなり詰まっていたのだ。

盛岡運輸区は、「イベント列車のために営業列車を遅らせることはできない。だから、決められた時刻表のとおりに運転してもらいたい」と言う。これは運転する私たちにとっては大きなプレッシャーだ。運転経験のない線区なのに、停車駅の入駅速度を落として運転すれば列車遅延が発生する。磐越西線での積雪も大変だったが、この列車のダイヤ設定には頭を痛めた。指導運転士は「気楽にやって下さい」というが、そうはいかない。ＳＬでの試運転は1回で、試運転の翌日が本番であった。ブラスバンドの演奏を聞きながら一ノ関駅を定時に発車した。

試運転の時より背中で「重いな」と感じながらの運転であったが、順調に平泉駅に向かった。到着に備え、試運転と同じ位置でブレーキを使用したが、速度が落ちてこないので追加ブレーキを使用した。すると、追加ブレーキが少し多すぎて、速度が急激に低下してしまった。慌てて階段ブレーキを行ったがあまり効果なく、再度階段ブレーキを行い停止位置に合わせようとした。だが、今度はブレーキがゆるみすぎてしまい、停止位置より5メートルも先に止めてしまった。停車時分がなかったので、そのまま客扱いをして定時に発車したが、私は知らない線区で運転時分の詰まった列車を運転することの難しさを痛感した。イベント列車で、初めて冷や汗をかいた「炎立つ号」であった。

平成６年（１９９４）２月13日には積雪の中、高崎駅～水上駅間でＤ51形４９８号機とＣ58形３６３号機の重連運転「ＳＬ奥利根号」が再度実施され、私はＤ51形の運転を担当した。雪景色の中での重連運転であったので、沿線は大勢のSLファンで賑わった。到着した水上駅で、方向転換をする転車台が積雪で思うように回転せず、作業員と一緒になって汗を流しながら除雪を行い、やっとの思いで機関車を方向転換させた。

往路はC58形が本務機関車として運転されたが、復路はD51形が本務機関車として運転されるのである。先に方向転換したC58形が、ホームに留置してある客車に連結した。私が乗務するD51形は本務機関車となるので、C58形の前に連結した。積雪のため機関車の方向転換に時間がかかり、ブレーキ試験が終了するとすぐ発車時間になってしまった。発車合図を確認して汽笛を吹鳴すると、補機（C58形）も応えて汽笛を吹鳴した。加減弁を開けると、重連列車はゆっくりと走りだした。私が運転するスノープラウを取り付けたD51形が、積雪をかき分けながら走る姿に感動した。私は前回の重連運転では補機を担当したので、本務機関車の運転は初めてであった。

先輩が乗務している補機に気を遣いながらの運転であったが、高崎駅に無事到着しファン待望の重連運転は終了した。

中央研修センターでSL後継者の養成開始

平成に入ると、蒸気機関車の運転免許所有者が高齢となり、後継者の養成が急務となった。ＪＲ東日本もイベント列車の運転回数維持や今後の運転計画などを考慮し、ＳＬ機関士の養成の検討を始めた。そして、大宮市日進町（当時）にあるＪＲ東日本の中央研修センターでも、甲種蒸気機関車運転講習課程の開講準備作業が始められた。

平成４年（１９９２）の初めに、２泊３日の指導員研修のため私は中央研修センターに入所した。懇親会で動力車乗務員養成室の教師から、「田村さんはＳＬ機関士の免許を持っているが、蒸気機関車の良い資料はないですか」と相談された。私が「東北鉄道学園の機関士科で使用した教科書でよければ全部ありますよ」と応えると、「ぜひ貸していただきたい」と言われた。研修が終了して自宅に帰ると、私は教科書をまとめて中央研修センターへ送付した。数日後、研修センターからの電話で、「教科書をコピーして製本し、甲種蒸気機関車運転講習課程の教科書に使用したい」とのことであった。私は嬉しかった。

ＳＬ機関士は簡単に養成できるものではない。ＪＲ各社や私鉄大手等の鉄道会社は「動力者操縦者運転免許に関する省令十七条第一項」の規定に基づいて、運輸大臣（当時）から動力者操縦者養成所の指定を受け、自社で養成所を設立し、電車運転士等の養成を行っていくのである。ＪＲ東日本では、昭和63年（１９８８）５月28日に、東日本旅客鉄道中央研修センターが動力車操縦者養成所の指定を受け、電車運転士等の養成を始めた。

そして、平成４年（１９９２）３月25日に第一類甲種蒸気機関車運転講習課程の新設が承認され、ＪＲ東日本で蒸気機関車の機関士養成が可能となった。これはＪＲ東日本が運輸大臣に、第一類甲種蒸気機関車運転講習課程の新設を申請し、運輸省（現・国土交通省）の省令で「動力者操縦者運転免許証に関する省令第十八条第一項」の規定によって承認されたのである。参考までに、路面電車の運転操縦免許は第一類乙種である。

中央研修センターは、平成５年５月11日〜６月29日の期間で、第一回甲種蒸気機関車運転講習課程の学科講習を開講した。受講者は、募集に応じた中から選抜された４人（高崎２人・会津若松２人）と、真岡鐵道から委託された２人を加えた６人であった。高崎の場合は前にも述べたが、国鉄時代に蒸気機関車の機関助士の経験があることが選考の要件となった。私はＳＬ機関士の先輩たちと相談し、若くて意欲のある人の人選案を上司に進言した。

真岡鐵道は、福島県川俣町ふもと川団地に静態保存されていたＣ12形の66号機を、動態保存機として復元整備し、平成６年（１９９４）３月から下館駅〜茂木駅間のＳＬ運行を計画していた。そのため運転する機関士が必要になり、ＳＬ機関士養成に２人が加わったのである。

中央研修センターでは、学科講習のみを受講し、定められた時間内に定められた科目を勉強し、修了試験に合格すると学科修了証書が受講者に授与される。受講者が学科修了証書をもらって電車区や機関区の現場に帰ると、次は技能講習が始まる。現場における技能講習は、運輸省（現・国土交通省）へ届け出た技能担当教師と指導操縦者が行い、講習時間と講習科目が定められている。技能試験を受けるには、基準時間をクリアし、すべての講習項目を完全修得していることが大前提となる。

私は指導担当運転士であったので、中央研修センターの学科講習に合格した受講者の技能講習を担当することになった。技能講習は、指導操縦者2人のうち1人については先輩機関士にお願いし、もう1人は私が指導操縦者と技能担当教師を兼務して開始した。技能講習は基本訓練35時間（出区点検、乗務講習）、前期訓練180時間（乗務講習、応急処置）、後期訓練200時間（乗務講習）、総合訓練85時間となっているので、時間内に知識、技能を修得させるよう必死で取り組まなければならない。技能試験には運転操縦、距離目測、出区点検、応急処置、非常の場合の措置の項目があり、運転操縦は運転時分、停止位置、ブレーキ操作、確認喚呼、運転動作、速度観測、距離目測等に細分化されている。受講者はこれらすべてをしっかり修得する。教師は確実に教え込む必要がある。修了試験合否の基準は1科目につき100点満点とし、11科目すべてで70点以上とらなければ合格できない。

減点法による実際の試験内容は、次の「厳しい国家技能試験」の項目で詳述するが、技能講習の修了試験は主任教師が実施し、合否の決定を行う。技能試験の試験委員は主任教師及び主任教師が指定した技能担当教師が担当する。運輸大臣（当時）より、省令で指定された動力車操縦者養成所を持っている鉄道会社は、動力車操縦者養成所の主任教師が技能試験を実施できるが、指定養成所を持っていない鉄道会社は、国土交通省関東運輸局（関東地方の場合）から試験官が赴き技能試験を実施するのである。

電車運転士見習やＳＬ機関士見習の受験者にとって、この試験は本当に厳しい試験であり、思い出にも残る試験でもある。この厳しい技能試験に合格すると、ＪＲ東日本から合格者の本籍、氏名が入った証明書「上記の者は省令第四十三号第十六条の規定による中央研修センター第一類甲種蒸気車運転講習（転換）蒸気分科を何月何日に修了した事を証明する」が発行される。この証明書に医学適性検査に関する身体検査証と、戸籍抄本を動力車操縦者運転免許申請書に付けて国土交通省関東運輸局に提出すると、晴れて免許が交付されるのである。

私たち技能講習担当者は、第一類甲種蒸気車の運転操縦免許を全員が取得できるようしっかり教え込まなければならない。私は技能講習が始まる前に、先輩たちに相談しながらＳＬ乗務員の作業標準や作業要領、応急処置要領等を作成してＳＬ機関士養成の完遂を目指した。幸い5月の応募で送り込んだ6人全員が、中央研修センターの学科講習修了試験に合格し、次の技能講習となる現場の高崎電車区にやってきた。ここからは6人を3組に分け2人ずつに技能講習をすることにした。最初の2名は高崎で平成5年7月2日～10月3日の間と決まり、高崎運転所構内と上越線の高崎駅～水上駅間で乗務訓練用の特別ダイヤを組み、機関車に客車を連結して実際の「SL奥利根号」と同じ編成により実施した。

高崎で選抜した2人のうち1人は、桐生機関区で機関助士を6年間体験し、現在新前橋電車区で電車運転士をしていた。もう1人は高崎第一機関区で機関助士を5年間務め、高崎電車区で電車運転士をしていた。2人とも蒸気機関車の機関士にあこがれて国鉄に入社し、機関区に配属になりSL機関士を目指して頑張っていたが、無煙化計画が進められ蒸気機関車は廃止されてしまい、2人は機関士になることができなかった。消化不良のまま電車運転士になっていたが、今回のSL機関士の後継者養成計画によって、蒸気機関車の機関士になれる夢が叶うのである。2人の意気込みがひしひしと伝わってきた。

2人のうち1人は桐生機関区出身の指導操縦者にお願いし、私は高崎第一機関区出身のもう1人を担当した。私自身も蒸気機関車の機関士にあこがれて国鉄に入社し、運よく機関士になれたが、後継者を養成するのは初めてのことだった。私は20歳代前半で、厳しい技能講習（機関士見習）を体験した。その時のことがふと思い出された。

彼らの熱意は感じるが、すでに40歳代後半であった。残念ながら若くはない、体力だって落ちている。どのような方法で運転技能を継承させればいいのか、先輩の指導操縦者と意見交換をしながら進めることにした。

厳しい国家技能試験

中央研修センターの「技能講習進度表」に基づいて、「基本講習と基本訓練」（出区点検と乗務講習）「前期訓練」（乗務講習・応急処置）「後期訓練」（乗務講習）「総合訓練」（乗務講習・出区点検・応急処置）を時間内にクリアできるよう計画を立てた。体力的に無理をさせず、訓練は厳しく対応した。蒸気機関車が大好きな2人なので、技術的にもかなり難しいことを求めてもしっかりついて来てくれた。後継者としては適役だと感じた。訓練にも熱が入った。

基本訓練は、高崎運転所の構内で行った。初めの頃はD51形の威容に圧倒され、機器の取り扱いも震えながら扱っていたが、前期訓練に入る頃には落ち着きが出てきて、私が言っていることが聞き分けられるようになった。2人とも上越線は電車運転士として乗務し熟知した線区であるので、後期訓練になると逆転機や加減弁の取り扱いもかたちになり、速度や逆転機の締切り度合いの数値を気にしながらも運転できるようになった。

総合訓練に入ると、定時運転の確保や停止位置を合わせるためのブレーキ扱いなど、厳しくチェックしながら訓練をすすめた。出区点検も応急処置訓練も習熟度が早く、めきめき上達していったので、あとは技能試験を待つばかりとなった。私が体験した国鉄時代の試験は、昇進試験であったので、技能試験（試験項目が国家試験と多少異なっていた）の他に学科試験もあった。

平成５年（１９９３）10月４～５日の２日間、２人の国家技能試験が行われた。１科目70点以上という合否基準は、次に掲げるような厳しいものだった。運転操縦の試験区間は10区間で行われ、運転時分は１区間で＋－５秒が許容範囲で、誤差計が５秒につき２点である。停止位置は＋－２メートルまで、超過は＋１メートルにつき３点、不足は２点の減点となる。ブレーキ操作は、操作不適切が１件につき５点、非常ブレーキ操作を１回行うと30点の減点となり、あとがなくなってしまう。確認喚呼でも、信号機の名称誤りをただちに訂正が１件に付き５点、喚呼が不明瞭な時は１件に付き10点、喚呼を行わない時や喚呼を誤ったときは不合格となる。

運転動作の中には執務態度や汽笛吹鳴などがあり、運転操縦時の態度不良は１件につき10点以上、必要な汽笛吹鳴を怠った時は１件につき10点。距離目測は、１００～３００メートルの目測を１回行い、誤差が20メートルに付き５点、３０１～６００メートルは３点の減点となる。

出区点検は、蒸気機関車の場合所要時間は20分で、点検時分を超えた時は１分につき２点、不良箇所を発見できなかった時は１件につき５点、点検箇所を点検しなかった時は１件につき３点が減点となる。応急処置は、故障に対する処置不良の時は１件につき５点、故障個所が発見できないと不合格になる。非常の場合の措置は、緊急停止手配等の処置を誤った時１件につき10点、不安全作業と認められた時は1件につき5点が減点される。この他にも数多くのチェック項目があり、減点の対象になった。

この日の技能試験の運転操縦試験は、厳しい採点（減点）に基づいて高崎駅～水上駅間で行われ、下り列車（高崎駅～水上駅）で1人、上り列車（水上駅～高崎駅）で1人行った。中央研修センターの主任教師と主任が指定した教師が試験官で、私が補助として運転室に乗り、時刻表に記載されている時間どおりに駅間を運転しているか（区間運転時分）をストップウオッチで計測、列車が所定の停止位置にピタリと止まっているか（停止位置の距離測定）についてはメジャーで計測し、主任教師に報告した。主任教師と担当教師は、手分けして運転操縦のチェック、速度観測試験、距離目測試験を行い、高崎電車区に帰って来るとすぐに減点を集計して採点をした。

試験列車の機関助士は大変である。狭い運転室に5人乗っているので焚火作業が思うようにできないばかりか、前途注視や信号確認など、受験者が一番やりやすいように対応しなければならないのである。私は次のSL機関士後継者候補を選抜して、勉強のために機関助士として乗務してもらった。機関助士の臨機応変的な対応もよく、受験者は落ち着いて運転操縦することができ、目立った減点もなく、運転操縦の試験を終了できた。

翌日には出区点検、応急処置、非常の場合の措置などの試験が高崎運転所構内で実施されるので、受験者にはハッパをかけた。出区点検の仮設箇所は主任教師が指定し、私が仮設箇所を作った。応急処置と非常の場合の措置は私が問題を数問用意して、その中から主任教師が問題を選んで技能試験を行った。何度も何度も繰り返し訓練して来たので、運転操縦試験と違って大丈夫だと思っていたが、いざとなるとうまくできるか心配になった。2人ともよく頑張り、その日のうちに合格発表となった。この厳しい試験をクリアして2人は見事合格、私も胸を撫で下ろした。

続いて、真岡鐵道から養成の委託を受けた2人の技能講習が始まった。2人は高崎電車区の近くにあるアパートを借りて、技能講習に挑んだ。2人は、平成6年（1994）3月から真岡鐵道の下館駅〜茂木駅間で運行開始となる、C12形66号機を運転するためにSL操縦免許が必要なのだ。1人は国鉄時代に機関士の経験がある年配者、もう1人は機関助士の経験がある中年の気動車の運転士であった。

元国鉄時代の機関士体験者は先輩の指導操縦者にお願いし、私は中年の気動車運転士の技能講習を担当した。前回と違って、真岡鐵道の2人は乗務講習の線区である上越線の線路を全く知らないのである。高崎運転所構内での基本講習を早めに終わらせ、上越線に出て基本訓練を実施した。何度か私の運転を見学させながら、上越線を覚えてもらった。鉄道の運転士は線路の勾配や曲線、鉄橋を覚えるのが早いので助かる。私も出張で知らない線区でイベント列車を運転する時は、まず勾配と曲線を覚えた。そんな経験を生かしながら、一つ一つ丁寧に教えた。

翌年3月までには技能試験に合格して、SL操縦免許を修得しなければC12形66号機の復活運転は実施できなくなってしまう。そこで、訓練列車を1日2往復（高崎駅～水上駅間）運転として乗務講習期間を短縮させ、所定の訓練時間をクリアできるように工夫した。

しかし、早朝出勤しての1往復は本当にきつかった。朝4時に出勤し高崎運転所から出区して高崎駅に行き、水上駅まで乗務して行くのだが、冬の早朝は寒く機関士席の後部に立って指導して行くと、水上駅に到着する頃には身体が冷え切り機関車から降りるのがやっとであった。すぐにストーブの近くに寄って弁当を食べるのだが、必ずインスタントラーメンも一緒に食べることにして身体を温めるよう心掛けた。帰りの行路になると太陽が昇り、寒さが幾分和らいでくるので助かった。

早朝出勤と、遅い出勤の行路を交互に乗務しながら乗務講習を短期間で修了させ、技能試験を待った。非常の場合の措置訓練中には誤って防護無線のスイッチを押し、本線を走っていた特急電車を緊急停車させるというハプニングもあったが、2人はよく頑張った。短期間で技能講習を修了させ、見事技能試験に合格し、真岡鐵道でのSL運転開始に間に合った。

3組目の講習は、会津若松運輸区から来た2人であった。しかし磐越西線のイベント列車、会津冬紀行「SL磐梯会津路号」の運転に、D51形498号機と共に私たちも会津若松運輸区に出張するので、磐越西線のイベント運行が終了してから技能講習を始めることにした。「SL磐梯会津路号」には、技能講習を始める2人も機関車に乗って、我われの運転や焚火作業を見学してもらった。

彼らは雪積の中での運転方法や、厳しい寒さの中での焚火作業を真剣に見学していた。真面目な青年であった。イベント最終日に受講者の1人が、イベント運転が終了し火室内の火を落して無火にする作業中に、ポーカ（火室内の火床を整理する為の鉄の棒で取っ手が丸く握りやすく、先が草刈り鎌ようになっている）と焚口戸の間に指を挟み怪我をしてしまった。イベントの最後の最後で怪我をさせてしまい、残念で仕方なかった。

会津若松運輸区への出張が終了すると、三回目の技能講習が始まった。1人が怪我のため技能講習の開始が遅れてしまい、私はその遅れた1人を担当した。技能講習の開始が遅れても、技能試験は一緒に受験できるようにしなければならない。焦る気持ちを抑えながら、厳しく指導した。私の役目は彼ら2人に甲種蒸気車の免許を取得させ、「SL磐梯会津路号」を運転させることだ。まして彼らは、中央研修センターの第一回甲種蒸気機関車運転講習課程に送り込まれた人材である。私自身も出張で体験した、磐越西線の運転方法のすべてをこの2人に託したくて頑張った。前の組より技能講習期間は長かったが、若い2人はどんどんと習熟度を増し、難なく技能試験に合格して会津若松運輸区に帰って行った。

翌年（平成6年）には磐越西線の「SL磐梯会津路号」の試運転に、同乗してアドバイスしてほしいとの依頼があったので、会津若松運輸区に出向いた。2人とも教えたすべてをよく守りながら、磐越西線にあった運転方法を見つけていた。自分なりの運転技術を確立するにはまだ時間がかかりそうだったが、一生懸命取り組んでいたので安心した。

こうして、第一回目の甲種蒸気機関車運転講習課程はすべて終了したが、JR東日本は各地でのイベント列車の運行計画や、静態保存されている機関車を復元して動態保存に変更し運行したいという計画も立てていた。これをクリアするには、SL機関士の養成を二回、三回と続けて行かなければならない。

蒸気機関車の運転免許を持っている仲間たちは、どんどん高齢化が進み運転士の数は減少するばかりである。中央研修センターでの第二回の甲種蒸気機関車運転講習課程の開講が待ち遠しい限りであった。平成6年（1994）5月29日の「SL八高号」の運転が終わると、第二回甲種蒸気機関車運転講習課程の開講が決まり、希望者の募集が始まった。募集人数は4人でうち高崎電車区が2人、盛岡運輸区が2人であった。高崎電車区は前回と同様、機関助士経験者の中から2人を選抜するので、私は上司と相談し第一回目の運転操縦試験の時、機関助士として頑張り合格に大いに貢献してくれた2人を推薦し学科講習に送り込んだ。講習は順調に進み、予定どおりの期間で終了し、技能講習のため電車区に戻ってきた。

学科講習終了後の技能講習は、先輩機関士2人に指導操縦者をお願いし、私は出区点検、応急処置、非常の場合の措置を担当した。と言うのも、平成9年（1997）10月1日の長野新幹線（北陸新幹線）開業に伴い、信越本線の横川駅〜軽井沢駅間（通称「碓氷線」）が廃線となり、併せて横川運転区も廃止となるので、EF63形（電気機関車）の機関士を転換教育して、電車運転士になってもらう必要があった。指導担当の私は、その重要な業務も成し遂げなければならなかった。横川運転区の機関士は交代で高崎電車区に来て転換教育を受け、電車運転士となった。EF63形の機関士は、ほとんどが横川駅〜軽井沢駅間の運転経験だけで他の線区を運転した経験がなかったので、運転線区の修得に時間を費やした。

SLの技能講習の方は、先輩機関士2人に任せてあり、あまり口出しはしなかった。先輩機関士の1人は、第一回技能講習では私と一緒に3人ずつ仕上げたベテランだったので、講習の進捗状況は添乗してチェックをせず、この先輩からの報告と進度表で確認していった。技能講習が終了すると、技能試験となった。第一回の技能試験と同じように主任教師と主任指名の教師と私が運転室に乗り、一回目と同じように区間運転時分と停止位置の測定を行った。高崎駅〜水上駅までの受験者は、目立った減点もなくうまくいったが、水上駅〜高崎駅までの受験者は停止ブレーキの際、客車の衝動に気を遣い過ぎたのか停止位置を大幅に行き過ぎて停車した。試験の結果、1人がブレーキ扱い不良で不合格となってしまった。

私は、先輩機関士に指導を任せきりにしていたことを後悔した。機関士の基本中の基本である、停止位置に合わせて止められなかった。客車の衝動について、あれこれ言えるのはベテラン機関士である。見習い訓練中は決められた停止位置に、ピタリと止める技術を最優先に考えて訓練しなければならない。

私は試験終了後、教導機関士2人と話し合いの場を設けた。意見交換をしていくうちに、何を優先して教えていけばいいのか、試験さえ合格すればいいのか、技術継承はどのようにしていけばいいのか、問題点と課題がたくさん見つかった。不合格者を出してしまったことに対して申し訳ない気持ちでいっぱいだったのだが、次に向けての取り組み方法がお互いに確認できて安堵した。不合格になった受験者も、指導操縦者も気を入換て技能講習に取り組み、少し遅れはしたものの技能試験に合格してSLの運転操縦免許を取得した。

忙しい指導業務に取り組んでいると、区長から私に中央研修センターへ移動の話があった。

中央研修センター勤務

平成7年（1995）3月20日、「中央研修センター動力車乗務員養成室勤務を命ず」の辞令がでた。中央研修センターは本社直属で所長以下、約100人の社員が勤務する職場であった。研修センターには管理課、経営研修室、事業研修室、動力車乗務員養成室があり、新入社員研修から管理職の研修、各職場の技術研修、動力車乗務員の養成を行っていた。各室には室長以下、多くの講師や教師が勤務していた。

私は、主任教師の室長以下25人の教師がいる、動力車乗務員養成室の学科担当教師として赴任した。動力車乗務員養成室は、新任運転士の養成や、電車の運転士から蒸気機関車や内燃車(気動車)に転換養成する業務を担当する部署である。

中央研修センターは、運輸大臣(当時)から指定された「動力車操縦者養成所」であり、講習課程の種類は、第一類甲種電気車運転講習課程、第一類甲種内燃車運転講習課程、第一類甲種蒸気車運転講習課程の三種類であった。私は甲種電気車運転講習課程(新規)電車(直流)分科と、甲種蒸気機関車運転講習課程の学科講習を担当した。電気車は担当教師が多かったので科目ごとに分かれ、ブレーキ担当となった。

現場にいると、SL機関士の後継者が不足することばかりを心配していたが、中央研修センターに赴任して電車運転士の養成も急務であることを知った。当時のJR東日本の乗務員(運転士)の年齢構成をみると、10年以内に5000人もの乗務員が退職することが確定していた。それを補うために、中央研修センターでは少なくても、10年間に同数の電車運転士を養成しなければならなかった。

一回に何百人もの学科講習をやるにはそれなりの教材が必要となり、シミュレーションや、写真、絵を多く取り入れた現代風教科書など、理解しやすいものに改訂した。平成になってから、JR東日本に入社した社員を私たちは「平成採」と呼んだが、甲種電気車運転講習課程に入ってくる社員は平成採の若い社員ばかりであった。

養成所は全寮制で学科講習期間中は養成所の寮に入り、土日に家に帰るという生活になる。初めの1ヵ月くらいは団体生活と養成所の規律をしっかり教え込み、そのあと本格的な学科講習を行った。各クラスは担任教師と副担任教師の2人が担当し、クラス別に生徒の面倒を見た。学科は各教科担当教師が数クラスずつ受け持って教えたが、現車実習や非常の場合の措置などの実習は主に担任教師と副担任教師が担当した。

私は新任教師であったので副担任をしたが、私にとっても毎日が勉強であった。ブレーキについては自信はあったが、教壇に立って分かりやすく説明するのに苦労した。当時、高崎駅から大宮駅まで新幹線で通勤していたので、新幹線に乗ると直ぐ教科書を広げ説明内容をメモ書きしたり、板書内容のノートをチェックしたりして忙しく過ごした。土日は自宅で、一週間分の授業予定表を見ながら事前勉強をして、授業に臨んだ。

平成採の若い社員は覚えるのも早かったが、忘れるのも早かった。試験をすると高得点を取るが、知識として身につけて後にそれを活かすことが苦手な生徒が多いと感じた。技能講習に入ると大変だから、学科講習中に覚えなければならないことはすべて覚えていくように何度もハッパをかけながら、学科講習をすすめた。

学科講習が修了すると、生徒たちは現場に戻り電車運転士見習いとしての技能講習が始まる。技能講習が始まると、乗務員養成室の教師は現場の技能担当教師と連絡をとりながら、技能講習進度表をチェックして進捗状態を確認していく。時には現場に出掛け、技能担当教師や指導操縦者と意見交換をしながら、技能講習に一生懸命取り組んでいる生徒たちを激励した。

技能講習が習熟すると技能試験を行うのだが、この技能試験の試験委員は主任教師及び主任教師が指定した技能担当教師が担当した。私も試験委員としてこの技能試験を担当し、試験科目である定時運転、速度観測、ブレーキの操作、距離目測、ブレーキ以外の機器の取り扱い、非常の場合の措置の試験を行い、採点結果を主任教師に報告し合否の判定をしてもらった。

技能試験の合否基準は、実施科目ごとに70点が合格点となった。もし技能試験の成績が合格基準に達しなかったら、一回限り追試験を受験することができた。現場の技能担当教師が1ヵ月以上の技能講習の再教育を行い、追試験に挑んだ。これにも不合格となった場合は、元の職場に戻る羽目になる。乗務員養成室の教師は、自分が教えた生徒の中から不合格者が出ないことを願った。

こうして、数百人の甲種電気車の運転講習課程が修了し、運輸局から甲種電気車運転免許証が取得できると、主任教師が中心となって団体で海外旅行に出かけることもあった。私が現場にいた時代には考えられなかった豪華な旅行であった。

情熱を注いだ機関士養成

旅行から帰ると「第三回甲種蒸気車運転講習課程（転換）」の学科講習が始まった。受講生は新津運輸区から2人、高崎電車区から2人であった。私は、新津運輸区から赴任してきた教師と2人で学科講習を担当した。その時の4人の受講者には機関助士の経験はなく、「SL機関士になりたい」という熱意で推薦され入所してきた者たちだった。既に現場には機関助士を経験した若い人はもういなくなっていた。蒸気機関車のことはほとんど知らないで入所してきたので、私が機関助士科で勉強したことを指導することから始めた。

期間が決められている中での学科講習なので、「寮に帰っても一生懸命勉強しないと修了できないよ」とハッパをかけながら授業を進めた。みな若くて理解のスピードも速いので、教える立場からは安心して授業が進められた。4人は仲もよくまとまっていたので、寮に帰ると当日教わったことを復習しながら議論したらしく、結論がでなかった時は翌日の授業で必ず質問してきた。

4人があまりにも一生懸命授業に取り組むので、私は授業内容をより細かく、より深く進めようと心がけた。授業を進めていく中で一つ問題が起きた。現車を見ながら説明すれば簡単に理解してもらえる箇所が、なかなか理解してもらえないのだ。私は自分が機関士科の時、どのように勉強したか思い出してみた。私は機関助士を経験した後に、機関士科に入所した。東北鉄道学園の構内には静態保存のＤ51形があり、一週間に一回は機関区に行って現車実習を行った。先生は教科書だけでは理解しづらい部分を、現車を見ながら細かく説明してくれた。

今回の学科講習はＳＬ機関士への転換養成で、期間も短く現車実習も一度だけなので理解しにくいのは仕方ない部分もあるが、できる限りの知識を身に付けさせて修了させてやりたいと思った。小さな模型の蒸気機関車でもあれば、理解しやすいのにと思うと残念で仕方なかった。

新津運輸区から来ていた受講生の1人が、「私は今まで自動ブレーキを知らずにＤＬを運転していた。今回のＳＬ学科講習を受講して、自動ブレーキの仕組みがよく理解できた。ここへ来なければ知らずじまいで終わるところだった」と言い、学科講習を修了して帰っていった。私はこの一言を聞いて、慣れない教師生活の中でも少し自信が持てた。現場に帰った4人は2組に分かれ、高崎電車区で技能講習を行い、甲種蒸気車の運転操縦免許を取得した。

休む間もなく、数百人の甲種電気車運転講習課程が開講された。赴任して二回目の学科講習なので、少し余裕ができた。それまで現場ではワープロで資料作りをしていたが、パソコンに切り替えて資料作りを始め授業に備えた。手はじめにＳＬの学科講習で不備を感じた、ＳＬの検査修繕の教科書作りに取り組んだ。乗務中に発生しやすい車両故障の種類と対応、故障個所の応急処置をどうするか、技能試験で実施される「応急処置」は技能講習中に勉強するが、限られた時間内に訓練するのでその内容は限られてしまう。多くの故障個所に対する応急処置訓練には無理があった。

私は、現場でＳＬの作業標準や作業要領を作成したりしながら、三回にわたってＳＬ後継者を養成してきたが、機関車故障時の応急処置要領までは手が回らなかった。そこで少し余裕ができた時間を利用して、ＳＬ学科講習で不備を感じた、蒸気機関車の検査修繕の教科書作りに取り組んだ。ＳＬ運転操縦免許取得後でも、教科書を見ればすぐ対応と処置ができるようにしたい、そんな思いがあった。

古い資料を見ながら理解しやすい内容にアレンジしてパソコンに入力し、何とか検査修繕の教科書に相応しい資料が整ったので動力車乗務員養成室長に上申し、予算処置をしてもらい教科書を作成することができた。教科書ができると、もう一つＳＬ学科講習の教材として欲しいものがあった。それは蒸気機関車の走り装置「ワルシャート弁装置」の仕組みの模型であった。学科講習で理解するのに最も時間がかかるのが弁装置なのだ。模型があれば、それを動かして見るだけで一目瞭然、短時間で理解できる。学科講習で理解してもらうのに苦労した部分である。

室長に相談すると、「模型の図面を書いて持ってくれば何とかしてやる」と返事をもらえたので、しばらくは図面の作成作業に追われた。図面の作成段階で大宮工場に出向き、相談にのってもらった。使用目的、工作程度や材質、大きさなど、意見交換しながらよきアドバイスをいただいた。図面を仕上げて説明書類を付けて室長に提出すると、一週間程度で作成許可が出て大宮工場に発注してくれた。私は大宮工場に出向き、作成担当者と細かい打ち合わせをした。私は大きさと軽い材質に重点をおき、1人で教室に持ち運びができること、講習生が逆転機などを実際に回転させたとき弁装置の動きがハッキリ分かるもの、実用弁と標準弁の交換が可能であること、などを条件にお願いすると快く受け入れてくれた。あとはできあがるのを待つのみとなった。次に行われる、SL学科講習が楽しみになってきた。

甲種電気車運転講習課程の学科講習も順調に進んだ。今回は赴任して二回目の学科講習となったので、担任を任された。生徒からの相談も多く、中には泣きごともあった。私は短い学科講習期間であるので、生徒との信頼関係を第一に考え時間の許すかぎり相談にのった。若い社員の中で仕事をしていると、自分も若くなったような気分になる。不思議なものだ。

学科講習が無事に修了し、生徒達は現場に戻った。技能講習の開始である。生徒たちが現場に戻って数日が過ぎると、大宮工場から「走り装置の模型が出来上がった」との電話があった。

さっそく大宮に行き、模型を見せてもらった。なかなかの出来栄えだった。研修センターに戻り、室長に報告してから後日納品してもらった。検査修繕の教科書もでき上がって来ていたので、次回のSL機関士への転換養成には万全な準備体制ができた。技能講習が進むと、進度状況の確認をかねて各現場に出掛け、現場から持ち帰った資料と提出された進度表を見比べ、アンバランスが生じないよう対策を立て現場を指導する。これが技能講習中の動乗室の仕事であり、これを順調に進めていくと技能試験となる。

技能試験が一斉に始まると大変であった。動乗室に主任教師を1人残し、他の教師は2人1組となって各現場に技能試験に出掛けた。遠い所での試験は泊まり込みとなった。技能試験が終了すると、その結果を主任教師に報告し合否の判定をもらった。自分のクラスからは1人の落ちこぼれもなく全員合格した。やれやれである。こうして二回目の甲種電気車運転講習課程が無事終了すると運転免許交付式である。新潟運輸局の交付式には私も同行したが、喜ばしい顔で免許を受け取る姿を見て、「頑張れよ」と激励せずにはいられなかった。

平成9年（1997）1月の中頃、高崎支社の課長から、「高崎電車区に帰って来てもらえないか」という電話が入った。私は突然のことなので返事にとまどったが、課長といろいろ話をしているうちに理由を察し、「上司に相談してから返事をします」と言って電話を切った。しばらくすると室長に呼ばれ、「高崎支社が田村さんを指導助役として帰してほしいと言ってきた。私は駄目だと断った。どうするか考えを聞かせてくれ。返事はすぐでなくてもいい」と言われた。私は家に帰り、子どもたちに相談してみた。子どもらは大宮に通勤するより、高崎の方が楽ではないかと現実的であった。

翌日出勤すると、課長が手招きをして私を別室に呼んだ。課長は「室長には帰りたいとハッキリ言えばいい。私も応援するから」と言ってくれた。私は決意した。出勤してきた室長に「高崎に帰らせて下さい」と言った。室長はにこにこしながら、「よし分かった。すぐ高崎支社に連絡する」と言ってくれた。

映画『鉄道員』ロケと高倉健さん

平成9年（1997）1月20日、高崎電車区へ指導助役として異動となった。

高崎電車区へ戻ると、長野駅構内で発生した入信冒進（高崎電車区の運転士が、長野駅構内で電車の入換作業中に入換信号機の停止信号を冒進）による特急「あさま号」との接触事故の後処理に追われた。事故の原因究明や職場での事故防止対策、事故の当事者を連れて長野検察庁へ出向いたりしながら、忙しい日々を送った。

第三回目となるSL後継者の養成計画もあり、希望者の中から人選して中央研修センターへ

2名送り込んだ。彼らには研修センターにはよい教材が準備してあるので、しっかり勉強してくるよう激励した。

2名を研修センターに送り出してしばらくすると、高崎支社から「高崎運転所構内で、東映が制作している映画『鉄道員《ぽっぽや》』のロケがあるので、現場に立ち会って指導してもらえないか」との依頼があった。高崎で撮影するのは二つのシーンで、一つは春の草原を快適に運転するSL機関士で、もう一つは吹雪の中を前途注視しながら運転する機関士の姿であった。

D51形498号機の運転台で、機関士役の高倉健さんと監督の降旗康男さんと打ち合わせをした。降旗監督からは「機関士が加減弁を開け、実際に運転しているような状態を撮影したい」との要望があった。私は転動防止手配をしっかり取って、逆転機の中立位置、バイパス弁の「開き」を確認し、加減弁を少し開けてバイパス弁の作用状態を確認した。

バイパス弁の作用状態も良好であったので、降旗監督に「加減弁を少し開けた状態で撮影してもいいですよ」と伝えた。高倉健さんに機関士席に座ってもらい、実際の機関士が運転している時の機器扱いについて説明すると、高倉さんは北海道で撮影した時のC11形と比べて、D51形の機関士席から見える景色や、機器の形や取り付け場所がだいぶ違っているのでビックリしていた様子だったが、すぐに理解してくれた。

私は降旗監督から、この映画の制作に対する思いなどを聞かせてもらった。すると降旗監督から、「SL列車に乗務していて列車遅延に遭遇した場合、機関士と機関助士はどんな対応を取っているのですか」と質問された。

私は、「当然、回復運転をしますけど回復運転をする場合、機関士は必ず機関助士から回復運転をしてもいいよ、という了解を得てから行います。また逆に、機関助士から先に回復運転を促される場合もあります。回復運転をする場合、機関士は逆転機を調整しながら加減弁を満開にして、制限速度いっぱいまで速度を上げて運転し、機関助士は缶圧を下げないよう夢中で焚火作業を行います。機関車の速度があがると、当然、運転室は横揺れが激しくなり焚火作業が大変になります。けれど、機関助士は頑張って焚火作業に徹し、通過駅のたびに機関士席の時刻表と懐中時計を見比べながら、機関士に何分回復したね。機関士は、この調子で行くとあと一区間頑張れば何とか定時になるぞ。などと言葉を交わしながら、機関助士は汗を流します」と、その様子を話した。

降旗監督は「なるほど、回復運転は大変なんですね」と納得したようだった。私はこの映画の中に、回復運転のシーンが出て来るのかなと思った。しばらく3人で雑談をしていると、撮影準備が整った。すると、降旗監督が座っていた椅子を私に差し出し、「田村さん、ここに座って撮影を見ていて下さい」と言うので遠慮なく座らせてもらった。

降旗監督が「健さん、ぼちぼちいきますか」と言うと、高倉健さんは「ハイ」と応え、態度をコロッと変えて加減弁を握り、吹雪の中を運転している厳しい顔付きの機関士になってしまった。第3章で述べたが、私が機関助士の頃に『機関士ナポレオンの退職』という小説が映画化され、森繁久彌さんが主演で機関士役を演じたことがあった。その時の撮影場所が高崎第一機関区の乗務員詰所で、私は勤務時間中でその撮影現場に居合わせた。その時に見た森繁機関士は堂々としていて、実に落ち着きのある機関士姿でまさにナポレオン機関士であった。

高倉機関士は、少しインテリ風で渋みのある奥の深い機関士姿で、降旗監督が思い描いている、人間愛を感じる機関士であった。私の生涯で森繁久彌さん、高倉健さんという2人の名俳優が演じた機関士を間近に見ることができ、改めて感動した。次の撮影準備ができるまで、少し休憩をとった。休憩中に降旗監督が、「田村さん、汽笛の音を録音したいので少し鳴らしてもらえないですか」と言ってきた。

私は「汽笛といっても、場面によって鳴らし方が違うので、使用したい場面を教えてくれませんか。場面が分かれば、その場面に合った汽笛を鳴らします」と応えた。降旗監督は驚いていたが、いろいろな場面の想定を私に伝えてくれたので、気を引き締めて監督の注文に合うような汽笛を吹鳴し、録音は終了した。

二回目の撮影準備が整ったので、ふたたび3人で運転台にあがった。今度は春の草原を気持ちよく運転している機関士の姿である。高倉さんは口笛を吹きリラックスし、一回目の撮影の時とはまるで違う態度に変身した。加減弁を握った腕にも力が入っていない。撮影前の雑談で話した、乗務中の体験談などを参考にしながら見事に演じる高倉健さんに驚いた。

撮影が終了すると高倉健さんが、「田村さん、記念写真を撮りましょう」と言って、近くにいたカメラマンを呼んで運転台で写真を撮った。数日が過ぎると、四つ切りの写真とネガが高崎電車区に送られてきた。大スター高倉健さんの細やかな心づかいに感謝した。

『鉄道員』は平成11年（1999）年6月5日に封切となり、各地で上映され大きな話題を呼んだ。

第5章

秩父鉄道のSL復活運行

客車４両を牽引し秩父路を驀進するC58形363号機。この機関車は、秩父鉄道の活性化に大きく寄与した。長く秩父鉄道の蒸気機関車運転にかかわった筆者にとっても忘れられない機関車だ

SL庫より出区し客車へ連結に向かう様子。平面交差が連続する駅構内での運転には細心の注意を要する

広瀬河原転車台にて方向転換中の筆者。秩父鉄道は蒸気機関車の復活運転に際して、広瀬川原駅構内に蒸気機関車の検修施設を設置した

秩父鉄道のＳＬ運行

秩父鉄道の「ＳＬパレオエクスプレス号」（略称「ＳＬパレオ号」）は、昭和63年（１９８８）3月から5月にかけて埼玉県熊谷市で催行された「88さいたま博覧会」（通称「さいたま博」）の開始に合わせて、秩父鉄道の熊谷駅～三峰口駅間で運転を開始した。地域の観光の目玉として計画された列車で、運営主体は埼玉県北部観光振興財団であった。

牽引機関車として選定されたＣ58形３６３号機は、昭和47年（１９７２）まで東北地方で旅客列車や貨物列車の牽引機として活躍したＳＬだ。廃車後には埼玉県吹上町（現在は鴻巣市）の吹上小学校の校庭に静態保存されていたのである。

Ｃ58形は昭和13年（１９３８）から同22年（１９４７）にかけて総計４２７両が製造された。テンダー機（ボイラーと炭水車が別車体の機関車）の中で、この形式だけが軸配置１Ｃ１（先輪1・動輪3・従輪1）を採用している。さらに、高速性能を確保するために動輪直径は１５２０ミリとされ、軸重の低減化も図られたため、幹線区間のみならず線路容量の低い亜幹線や地方線区での運用にも対応した。この汎用性の高さから昭和40年代まで客車列車、貨物列車の牽引機として、各地の機関区で重宝されたのだった。

昭和62年（１９８７）2月25日に、吹上小学校で３６３号機のお別れ集会が開かれた。長らく静態保存されていた３６３号機の門出を、多くの地域住民や地元の子どもたちが祝ったのだ。

２月27日にはトレーラーで高崎線の吹上駅に移送され、動態保存機として復元するため復線を果たした。吹上駅から高崎運転所に回送された後、国鉄大宮工場へ入場した。ここで約１年間かけて復元作業が行われた。ボイラーの復元など難航した作業もあったが、関係者の熱意により復元が実現した。

秩父鉄道における３６３号機の復活運転計画は、昭和61年（１９８６）頃から持ち上がっていた。蒸気機関車運転にノウハウがある国鉄は全面的な協力を決定。分割民営化前に高崎運行部は10人を選抜、ＳＬ運転操縦免許を取得させた（前述）。さらに、その中から６人を埼玉県北部観光振興財団に出向させ、「ＳＬパレオ号」の運転を担当させたのである。

翌年２月６日、高崎運転所構内で３６３号機の復活セレモニーが行われた。その後、高崎運転所構内での試運転を経て、２月22日からは秩父鉄道で試運転を開始、秩父鉄道の蒸気機関車運転は実に65年ぶりのことであった。

３月13日、秩父駅で「ＳＬ運行オープニングセレモニー」（出発式）が行われ、国鉄高崎運行本部からも本部長を始めとするＳＬ運転免許取得者が招待された。この時の私は、まだ財団に出向していなかったものの、出発式終了後に三峰口駅まで客車に試乗させてもらった。

列車名は太古の秩父地方に生息していたとされる海獣「パレオパラドキシア」にちなみ、「Ｓ

Lパレオエクスプレス号」と命名された。私がオープニングセレモニーの後に乗せてもらった客車を牽引したのは、10人の中から選抜された仲間たちであった。「さいたま博」に合わせて、運転スケジュール（3月15日〜5月29日）を組んで運転し、博覧会を大いに盛り上げた。

しかし、SLの運転には厳しい現実があった。営業運転の初日からトラブルが発生した。第1動輪が発熱し、途中の停車駅で機関車の下にもぐり応急処置を何度も繰り返して1日を乗り切っても、また次の日に発熱する。そのたびに機関車の下へもぐって作業するので、すぐに全身泥だらけになってしまった。こんな状態を繰り返しながら、1年目に出向した仲間たちは運行に誠心誠意取り組んだ。そして、博覧会を盛り上げたのである。

3月19日から始まった「さいたま博」は、5月29日の最終日にSLパレオ号もラストランを迎えたが、秩父鉄道沿線の熱い要望もあって、8月24日からふたたび営業運転を開始した。しかし、長い間静態保存されていた機関車は、整備して復元したからといって長時間順調に走れるわけではない。走り装置がなじむまでには相応の時間が必要だった。

特に車軸が発熱すると「軸受」が摩耗し、削り直さなければならず、検修社員の技量が試された。キサゲ（槍先のような形をしていて軸受を削る道具）という工具でアタリを見ながら削り、軸箱の油がパットをとおして車軸と軸受の間に入り込むように仕上げるのである。これは、ベテランでなければできない難しい作業であった。

仲間たちは昔、高崎第一機関区（高一）で検修作業に長年取り組み、匠の技を持っている大先輩にお願いして、その技を教えてもらいながら一歩一歩その技を修得していった。1年目に出向した乗務員と検修の仲間たちは、車軸の発熱に大変苦労したが、2年目になると車軸も徐々になじんできて、良質の油を使用することで車軸発熱の心配もなくなってきた。

ＳＬパレオエクスプレス号の運転

私が埼玉県北部観光振興財団に出向したのは、「ＳＬパレオエクスプレス号」が運転を開始して3年目の平成2年（１９９０）3月からで、47歳の時だった。出向期間は11月30日までの9ヵ月が予定されていた。

先輩に連れられて、秩父市役所内にあった振興財団に挨拶に出向き、その足で熊谷市にある秩父鉄道本社、そして同市内の広瀬川原駅へ行った。広瀬川原駅は貨物駅で旅客扱いはしていないが、隣接して車両工場もあり秩父鉄道の車両基地となっていた。

蒸気機関車が牽引する客車はもちろんのこと、３６３号機もここを基地としていた。基地内の設備をゆっくり見学した後、ＳＬ乗務員詰所に立ち寄った。6畳の畳部屋と風呂場、小さな流し台とガスコンロが設置されていた。

実際の勤務が始まるとこの詰所に出勤し、広瀬川原駅（貨物駅）で点呼をとり、機関車の出区点検整備をした後、入換作業をして機関車を客車に連結して乗り出した。私が出向したのは、「SLパレオ号」が走り始めて3年目だったので、走り装置もなじんで発熱の心配はなかったが、秩父鉄道の線路も運転規則も知らなかったので、先輩の教えをひたすら守りながら機関助士として焚火作業に取り組んだ。

「SLパレオ号」の運転区間、熊谷～三峰口間には次のような駅があった。

熊谷→上熊谷→石原→ひろせ野鳥の森→広瀬川原（貨物専用）→大麻生→明戸→武川永田→小前田→桜沢→寄居→波久礼→樋口→野上→長瀞→上長瀞→親鼻→皆野→和銅黒谷→武州原谷（貨物専用）→大野原→秩父→御花畑→影森→浦山口→武州中川→武州日野→白久→三峰口。

その距離は56・8キロメートル、通過駅もあったが、片道2時間40分の行程であった。また運転は1日1往復。土曜日、日曜日、祝日を中心に熊谷駅から三峰口駅まで運転し、平日は熊谷駅～秩父駅間の運転であった。秩父駅折り返しの場合は、秩父駅で機関車を方向転換させるため、秩父セメント（現在の太平洋セメント）の引き込み線（三角線）を使った。線路の曲線がきつく、機関車の動輪がギシギシと音をたててきしみ悲鳴をあげた。出向して2ヵ月目に入った頃から機関士席に座って運転をさせてもらった。

当時の作業ダイヤは、機関士と機関助士は広瀬川原駅で出勤点呼をとり、前日から出ている徹夜勤務者（出向している仲間）から機関車を引き継ぎ、火床整理や給炭、給水など点検整備を終えたあと、入換合図によって客車に連結した。客車の上り方《のぼ》（熊谷方）には電気機関車が連結してあり、ブレーキ試験が終了すると回送の５１０２列車として、この電気機関車にC58形３６３号機が牽引された。後ろ向きで熊谷駅まで回送された３６３号機は、熊谷駅からは５００１列車（下りの「ＳＬパレオ号」）の牽引機として三峰口駅に向かった。

電気機関車は連結したまま、無力行で三峰口駅まで行った。ＳＬ乗務員は客車と電気機関車を牽引して行くわけだが、列車の最後部に電気機関車が連結されていたので列車が重く大変であった。三峰口駅に到着すると、ＳＬ機関車は転車台で方向転換をしてふたたび前頭に連結し、電気機関車は入換をして最後部に連結された。

帰りの５００２列車（上りのＳＬパレオ号）は一ヵ所（浦山口駅〜影森駅間）だけ、きつい上り勾配があるが、あとは下り勾配と平坦線が多かったので牽引する苦労はなかったが、ブレーキ扱いには神経を使った。機関車で使用していた石炭は、太平洋海底炭でカロリーがあり焚火作業には余裕があった。

私が秩父に出向して、強く感じたことは、先輩たちが３６３号機や「ＳＬパレオ号」の乗客を大事にしていることであった。運転しない日は、走り装置からボイラー、炭水車まで廃油をつけて糸くずで磨きあげ、ナンバープレートや安全弁は磨き粉をつけてしっかり磨きあげ、ピカピカにしていた。まるでお召列車を牽引する機関車に対する扱いを見ているようだった。また運転中に、沿線でカメラを構えているSLファンがいると煙りのサービスをしたり、「SLパレオ号」の乗客にも細かいところまで気を配っていた。

寄居駅など停車時間が長い駅に列車が到着すると、乗客は客車からすぐ降りて機関車の周りに集まるので一緒に記念写真を撮ったり、機関車の走り装置などの説明をした。また、運転室に乗車したい乗客も沢山いたので、運転室入り口に並んでもらって順番に運転室に乗車してもらい、写真を撮っていただきながら機器扱いの説明もした。

時には乗客が多すぎて、全員が運転台に乗れないうちに発車時間になり、乗客に怒られることもあった。私たちは、運転室に乗って来る乗客が火傷などしないよう、傷害事故防止には特に神経を使った。

埼玉県北部観光振興財団が主体となり、地域の活性化のために運行を開始したSLなので地域の皆さんに愛され、秩父鉄道の目玉になって長く運行が続いて行くよう積極的に対応し、私たちは乗客へのサービスに努めた。

「SLパレオ号」（5002列車）は熊谷駅に到着すると、電気機関車の牽引で5103列車として広瀬川原駅まで回送された。広瀬川原駅に帰って来ると、機関車を転車台に乗せて方向転換させた。火床整理、給水、給炭作業が終了しても、その日の乗務作業は終了とはならない。それからが大変な作業で、機関車の保火作業を翌朝（徹夜）までするのである。きつい勤務であったが、楽しみもあった。

乗務作業が終り、休憩室に戻ると2人で夕食メニューを考え、買い物と準備作業に分担して夕食の準備をした。いつも同じ人と乗務しているのであれば簡単にいくが、6人が出向しているので乗務する相手はその都度変わった。意気投合する時もあれば、そうでない時もある。

私は乗務作業終了後に行う夕食の準備、そして一緒に食べる夕食、これが一番の楽しみであった。費用は自費で分担したが、夕食を食べながら、その日の乗務作業の反省点やアドバイスを先輩機関士から聞いた。先輩機関士から厳しい指摘もよくされた。時には腹の立つこともあったが、私はこの時間が一番好きであった。

先輩から「お前の汽笛はうるさい。ただ鳴らせばいいというものではない」と言われ、私はくやしくて、「汽笛なんか誰が鳴らしても同じだ」と思い反発した。だが、指摘した先輩が機関士で私が焚火作業担当で乗務した時、先輩が鳴らす汽笛の音色をよく聞いていると、私が鳴らす汽笛の音色と確かに違う。先輩が鳴らす汽笛の音色はまろやかに聞こえた。

どこが違うのか。汽笛の鳴らし方をよく見ていると、汽笛を鳴らす時は汽笛吹鳴レバーを右足で踏み込んで鳴らすのだが、先輩は右足にゆっくり体重を乗せて鳴らしている。汽笛吹鳴引き棒を引いて手で鳴らす時も、右手に体重を乗せて引き棒を引いている。

私は汽笛を鳴らす時には、右足に力を入れてレバーを踏み込んで鳴らしていた。手で鳴らす場合でも、手にしっかり力を入れて鳴らした。この違いが汽笛にまろやかさが出せない原因なのかと思い、自分が機関士担当の時は、静かに体重をかけながら汽笛を鳴らすよう心掛け、何回も何回も練習した。すると、自然に体重がかけられるようになり、何となく自分の汽笛もまろやかに聞こえるような気がしてきた。

半年ほどが過ぎて、汽笛の音色を指摘してくれた先輩と一緒に徹夜勤務をした時、夕食を食べながら恐る恐る汽笛のことを聞いてみた。すると「おお、だいぶいい音になってきた」と言ってくれたので、ホッとした。

ＳＬの運転操縦は、自分がよいと思ってやっていることでも、乗務相手（機関士又は機関助士）が不快感を覚えながら仕事をしているのであれば駄目なのだ。常に一致協力して、気持ちよく作業を進めていかなければならない。

今にして思えば私はあの頃、食事をとりながら、実にいい勉強をさせてもらった。指摘されたことは、次にパートナーを組んで乗務した時に運転操縦方法などをしっかり見せてもらい、自分の操縦方法の中に取り入れ修正した。なかでも、前述の汽笛の修正には時間がかかった。

焚火作業担当の時は、パートナー機関士が鳴らす汽笛の音色をよく聞いて勉強した。私とあまり変わらない汽笛を鳴らす機関士もいれば、常にまろやかな音色の汽笛を吹鳴する機関士もいた。どこがどう違うのだろうか。違いを意識しながら焚火作業をしていると、１日楽しく焚火作業をすることができた。

私はすっかり汽笛吹鳴のとりこになり、出向が終わる11月末まで汽笛吹鳴のタイミング、体重の乗せ方、吹鳴時間、吹鳴の強弱とタイミングなど細心の注意を払いながら汽笛を鳴らし練習し続けた。

出向期間の最終日に、埼玉県北部観光振興財団に挨拶に行った。その帰りの電車内で、汽笛にうるさかった先輩が「運転もうまくなったし、いい汽笛が吹けるようになった」と褒めてくれた。汽笛吹鳴のとりこになったお陰であった。私はＳＬ運転操縦免許の保有者の中でいちばん若輩者であったので、夕食を食べながら先輩から聞いた話がずいぶん勉強になった。

秩父鉄道の運転線区

ここで、改めて秩父鉄道の「ＳＬパレオ号」の運転について紹介しよう。

広瀬川原駅で客車４両の下り方(三峰駅方面)に「ＳＬパレオ号」を連結して、上り方(熊谷駅方)に連結してある電気機関車に牽引され（この時、機関車はバック運転）回送５１０２列車として熊谷駅まで行き、折り返し5001列車（「SLパレオ号」）となることは前に述べたとおりである。列車番号はJRと私鉄も同じで、上り列車が偶数で下り列車が奇数番号を使用している。

汽笛を一発鳴らして、熊谷駅を10時10分に発車する。熊谷駅を発車して、シリンダーの下から蒸気を吐き出す排水弁を切りながら逆転機を引き上げ（自動車で言うとロウからセカンドに移す）、シリンダーに送る蒸気の量を調節する加減弁を開け増してシリンダー圧力を上げ、逆転機をふたたび引き上げながら速度を上げ、上熊谷駅、石原駅、ひろせ野鳥の森駅、広瀬川原駅を通過する。広瀬川原駅にさしかかると、線路の左土手には桜の木がたくさんあり、春には満開の桜をちらっと見ながらの運転は格別だった。だが、大勢のカメラマンが沿線にやって来るので要注意でもあった。

次の大麻生駅にさしかかると、線路の左手にはゴルフ場がありプレーヤーがよく手を振って「SLパレオ号」を見送ってくれた。大麻生駅を通過すると田園地帯が広がり、速度を上げながら明戸駅を通過して行くと、初めての停車駅である武川駅に到着する。

武川駅は停車時間が少ないので、乗客の乗降が済むとすぐ発車となる。武川駅を発車しても田園地帯は続き、永田駅、小前田駅は速度を上げて通過する。桜沢駅で上り列車と交換になるので、上り列車の様子（上り列車が桜沢駅に到着したか）を見ながら速度を調節した。うまく桜沢駅を通過できると一気に加減弁を開け増し、速度を上げて寄居駅に向かうのである。

寄居駅では停車時分があるので、機関車の下回り点検（機関車から降りて走り装置などを手で触って耐熱状態をチェックする作業）を行う。機関車の運転室に戻ると、乗客が機関車の周りに大勢集まって来るので、乗客と一緒に写真を撮ったり、運転室で取り扱い機器などの説明をしていると発車時間になる。

寄居駅を発車すると、樋口駅まで軽い上り勾配が続く。波久礼《はぐれ》駅を通過すると、線路の左側に国道を挟んで玉淀湖があり、静かな水面を見ながら国道１４０号線に並行して走ると、やがて左手に荒川の流れが見えてくる。

国道を走るバスからは、子どもだけでなく大人も盛んに手を振ってくれる。「ＳＬパレオ号」は大人をも夢中にさせる、不思議な魅力を持っている。この辺りの荒川の流れはゆったりとしていて、夏の暑い時などは我われに涼を与えてくれる。荒川の流れを見ながら樋口駅を通過すると加減弁を開け増し、速度を上げて野上駅に向かう。野上駅を通過すると、長瀞駅が見えてくる。駅手前の左側の桜並木は長瀞駅まで続き、春には花見客でいっぱいになる。

長瀞駅に到着後、すぐ下回り点検を行う。ホームにはやはり大勢の乗客が機関車の周りに集まっているので、その対応に追われる。発車時間になると、多くの乗客がホームから手を振って見送ってくれるので、機関助士は見送ってくれる乗客との触車事故に細心の注意を払った。

長瀞駅の発車直後に踏切があるのだが、この踏切では直前横断をする人が多いので、機関士は

「身の引き締まる思い」で速度を上げていくのである。

上長瀞駅では上り列車との交換があり、対向列車の様子を見ながら速度を調整して通過、すると荒川鉄橋が見えて来る。秩父鉄道で最も長くて高い鉄橋だ。鉄橋を渡り始めると、川上から「長瀞ライン下り」の船が下ってくる。船上の観光客が手を振ってくれるので、私たちもこれに応えて手を振る。この場所はSL写真撮影の名所で、多くのカメラマンが鉄橋を渡るSLパレオ号と、ライン下りの船を入れてシャッターを切るのである。

この鉄橋を渡り切ると親鼻駅があり、これを通過すると次は皆野駅、停車である。皆野駅は1分停車で、客扱いが終わるとすぐに発車となる。次の和銅黒谷駅が運転停車（客扱いしない停車。「現在のSLパレオ号」は和銅黒谷駅を通過）で停車時間がある。ここでは缶水を充分補充して、缶圧を上げて発車を待つのである。和銅黒谷駅を発車すると秩父駅まで上り勾配が続くので、和銅黒谷駅〜秩父駅間で缶圧を下げたり、缶水の補充不足を生じさせたりすると、三峰口駅まで缶圧と缶水の補充に追われることになるのである。

武州原谷駅（貨物駅）、大野原駅を通過し、秩父駅の場内信号機まで力行運転が続くので、缶水を減らしすぎないよう、缶水を補充しながら秩父駅に到着させるのがコツである。沿線のSLファンには分からないだろうが、この運転操作が機関士の腕の見せどころであった。

秩父駅では停車時間が少ないので、缶水を補充することができないうちに発車となり、次の御花畑駅に停車する。同駅も停車時間が短いので、乗客の乗降が済むとすぐ発車となる。御花畑駅を発車すると上り勾配となり、いよいよ山間部へと入って行く。シリンダーに入る蒸気口を大きくするため逆転機をのばし、シリンダー圧力を上げての力行運転が続くので、機関車の排気音が大きくなり黒煙がもうもうと立ち上がる。機関助士は石炭を火室にくべる焚火作業に汗を流すのだが、ＳＬファンのカメラマンは機関車が黒煙を吐き出す場所をよく知っていて、ずらりと沿線に陣取っている。

影森駅から三峰口駅までは、通票閉塞区間となる。つまり、駅長から一区間走行許可証の通票を受け取って走る規則で、停車駅であれば通票の受け渡しもたやすいが、通過駅では神経を使い大変だった。

通票授受は機関助士の役目で、通過駅が近づくとホーム側に待機し、まず終了した通票をホームの通票受けに投じ、次にホームの中ほどで次の区間の通票を駅長から、あるいは器具に取り付けた状態のものを確実に受け取らなければならない。機関車は時速20キロくらいで走っている。もし受け取りに失敗したら、列車は緊急停車する。戻って拾い上げなければ次の区間を走行することができないのだ。

影森駅を通過しながら通票を受け取り、浦山口駅通過で通票の授受をすると再び上り勾配になるので、機関助士は通票の授受と焚火作業に追われる。次の武州中川駅は運転停車で停車時間が15秒のみのため、駅長との通票の受け渡しだけで精一杯だ。すぐに発車となり、ふたたび上り勾配を運転し武州日野駅に向かう。

武州日野駅を通過し、直線上り勾配を上って行くと、右側にリンゴ畑が広がり左側には「道の駅」がある。道の駅前を通過する時は、たくさんの人が手を振ってSLを見送ってくれるので、私たちもそれに応えて小さな汽笛を一度鳴らす。蒸気機関車の魅力を感じる瞬間でもある。道の駅を過ぎると、惰行運転となり次の白久駅まで進む。この区間で缶水の補充をするのだが、区間が短いのでなかなか缶水の補充ができない。

白久駅を通過すると上り勾配となり、三峰口駅の場内信号機を過ぎるまで力行運転が続く。必死の思いで「SLパレオ号」を運転し、ようやく終着の三峰口駅に12時50分到着。機関車水面計の缶水表示は3分目で、いかに山間地帯の上り勾配を走り蒸気を使ったかが分かる。

熊谷駅から2時間40分。機関士と機関助士が顔を見合わせ、どちらからともなく「御苦労さん」と呟きあい、互いの労をねぎらう。

三峰口駅は降車した乗客で賑やかになり、機関車の転車台の周りも乗客でいっぱいになる。「SLパレオ号」の乗客で、三峰口駅から最寄りの観光地に向かう人は少ない。駅前で食事をしたり、駅周辺を散策したり、蒸気機関車の点検作業や給水作業、機関車の方向転換を見て楽しむ人がほとんどである。折り返し運転の準備ができ、機関車をホームに留置してある客車に連結すると、乗客も改札を通ってホームに出て来るので、私たちは一緒に写真を撮ったり、運転台を乗客に見せたりしながら帰りの発車を待った。

ＳＬの乗務員をしていると、ＳＬファンのカメラマンや、乗車したお客さんが撮った写真を送ってくれることが少なくない。そのため、私の家にはＳＬの写真がいっぱいあるが、みな楽しい思い出を想い起こさせるものばかりである。

昔はＳＬ列車に乗ると、「暑い」と言ってすぐに窓を開ける人がいた。そのため目の中に「石炭ガラ」が入ったという話をよく聞いた。だが、３６３号機が牽引する客車は冷暖房完備で窓を開ける必要はない。そのための「ＳＬパレオ号」に乗って石炭ガラが目に入ったという話を聞いたことがない。

「ＳＬパレオ号」の運転を続けていた平成2年（１９９０）8月30日、子どもの夏休みが終わった直後、突然、妻が脳動脈瘤の破裂で倒れ、帰らぬ人となってしまった。３人の子どもと共に悲しみに暮れる日々が続いたが、ＳＬ仲間に助けられ、12月の最終運転まで頑張りとおすことができた。平成2年3月1日から11月30日まで9ヵ月間の秩父鉄道での機関士生活であったが妻の不幸もあり、とても長く感じた出向期間であった。

ＪＲ退職と秩父鉄道への再出向

埼玉県北部観光振興財団への出向が終了すると高崎電車区に戻り、指導担当運転士となった。指導担当運転士は、本線乗務員の教育訓練や添乗指導、電車運転士への転換教育、新人運転士見習いの技能講習、ＳＬ機関士養成の技能担当教師などを担当したので、日勤勤務が多くなった(「後継者の育成」で前述)。

その後、中央研修センター勤務、高崎電車区指導助役を経て、平成12年(２０００)１月、株式会社ジェイアール高崎商事へ出向となった。ＪＲ東日本では58歳で原則出向し、60歳の誕生日で定年退職する雇用制度を採っていた。私もこの制度により58歳で出向した。実は出向する会社を選択していた頃から、「秩父鉄道のＳＬ機関士が不足するので、高崎鉄道整備会社へ出向して秩父鉄道のＳＬ機関士として頑張ってもらいたい」と再三言われていた。

私は、一生に一度ぐらい思い切って営業の仕事がしてみたいと思い、ジェイアール高崎商事に出向することにしたした。

ジェイアール高崎商事は、上越新幹線谷川岳トンネルから湧き出た天然水を利用して缶コーヒーやお茶、ペットボトルに入れた天然水(当時のブランド名は「大清水」)として商品化し、駅構内に設置した自動販売機で販売していた。さらに、自社でスーパーマーケットも経営するなど、いろいろな分野で幅広く営業活動をしていた。

私は「生鮮市場」という、スーパーマーケットに勤務することになった。営業の最前線であったので嬉しかった。朝早く出勤して駐車場を清掃し、のぼり旗の整備をしていると、一緒に勤務している仲間が出勤して来て「そんなに早く来なくてもいいよ」と声をかけてくれた。これに対して私は、「新米で何も解からないので宜しくお願いします」と応えていた。

店が開店すると、お客様の対応や仕入れの仕事に追われた。無我夢中で仕入れの仕事をしていると在庫が無くなり、棚に商品が出せなくなってしまうこともあった。また発注する時間が少し遅れただけで、商品の到着が１日遅れてしまったこともあった。私は、初めて商品を仕入れるという仕事の難しさを痛感した。

仕事が休みの日は必ず近くの他社のスーパーに出掛け、商品の並べ方や値段を見て歩き、生鮮市場に活かせないかチェックした。忙しい毎日であったが半年が過ぎた頃、本社の特販課に転勤となった。本社へ転勤すると大清水商品のデーター管理や、駅構内に設置してある自販機の管理が主な仕事となった。

係長として大清水商品の販売促進に努めていたある日、ＪＲ東日本高崎支社から「秩父鉄道のＳＬ機関士が不足してＳＬ運転ができなくなってしまう。高崎鉄道整備へ行ってもらいたい」と言われた。高崎商事に出向して1年半が過ぎた頃だった。

支社の話によると、秩父鉄道へ乗務員4人（機関士2人、機関助士2人）と検修2人が整備会社より出向しているが、機関士が突発的なアクシデントで休むと、もう1人の機関士が徹夜勤務の明けでも家に帰れず、続けて乗務する事態となっているとのことであった。私は驚いた。わがままを言ってジェイアール高崎商事に出向し、営業の仕事を充分させてもらった。「今度は私が恩返しをする番だ」と思い、快く高崎鉄道整備に行くことにした。

平成13年（2001）12月に高崎商事を退職した私は、平成14年（2002）1月に高崎鉄道整備に入社し、3月から秩父鉄道に出向となった。実に12年ぶりに秩父に戻ったのだ。

秩父鉄道では、先輩と夕食を食べながらいろいろと教えてもらったこと、一生懸命練習してまろやかな汽笛が吹鳴できるようになったこと、客車の荷重を背中で感じられるようになったことなど、思い起こすときりがない。秩父に戻った私は「やはり私の生き甲斐は蒸気機関車だ」との思いに至り、胸がわくわくしてきた。

私が平成2年（1990）4月に埼玉県北部観光振興財団に出向した時は、高崎運行部（後のJR東日本高崎支社）の所属だった。その後、「SLパレオ号」の機関士たちが高齢になり高崎支社を退職（高崎鉄道整備への出向を含む）したので、JR東日本高崎支社から直接秩父鉄道への出向はなくなった。

そのため、「SLパレオ号」の機関士や検修員は高崎鉄道整備からの出向へと切り替えられ、出向スタッフの人選や処遇については、秩父鉄道と高崎鉄道整備の話し合いで決められるようになった。

私は平成14年（２００２）12月28日、60歳の誕生日をもって、国鉄を含めのべ41年間勤めたＪＲ東日本を正式に退職した。そしてＳＬ機関士として、秩父鉄道で「ＳＬパレオ号」の運転を続けることになった。

「ＳＬパレオ号」の営業運転は当初は３～11月だったが、平成16年（２００４）からは12月まで延長された。私が初めて秩父鉄道に出向した、平成２年は３月16日～11月25日までの営業運転で、運転回数は実に１２２回を数えていた。

12年ぶりに出向した平成14年の運転期間は３月23日～11月24日で、運転回数は89回となっていた。出向者は機関士３人、機関助士２人と検修員２人の７人となり、お互いに汗を流しながら営業運転に取り組んだ。影森駅～三峰口駅間の通票閉塞方式も単線自動方式に変わり、通票の授受がなくなったので気が楽になった。

12年ぶりの「ＳＬパレオ号」の運転であったので、始めの１ヵ月は機関助士として乗務し、焚火作業をしながら運転線区に変わったところがないかチェックした。

驚いたことにこの頃、ＳＬファンのカメラマンが、私が機関助士をすると黒い煙を出さないのでいい写真が撮れないと文句を言ってきたことがあった。私は機関車の調子もよく、蒸気の上がりも良いので、必要最小限の石炭と重油を使用するよう努めながら乗務していた。

出向している仲間に前年までの様子を聞いてみると、「SLパレオ号」ファンのカメラマンがいると、重油をいっぱい出して不完全燃焼させ黒煙をいっぱい出したと言う。私が「そんなことをすれば、煙管が詰まって大変だったろう」と聞き返すと、1ヵ月に一度は火を落として煙管掃除をしていたと言うではないか。私はSLファンのカメラマンも大切な存在だが、363号機を大事に使うことがもっと大切ではないかと思い、出向仲間に黒煙防止を呼び掛けた。

だが、「12年ぶりに出戻ったくせに生意気だ！」と言う人がいて、私の意見はなかなか聞き入れてもらえなかった。一方で私自身は絶対に不完全燃焼の黒煙は出さないように努めた。「SLパレオ号」を撮影に来たカメラマンへのサービスよりも優先することがあるのだ。だが、論より証拠。煙管掃除が半減してくると、私のやり方にだんだん賛同する人が増え、ついに煙管掃除をしなくて済むようになった。

出向して1ヵ月が過ぎ、だんだん機関車の状態も分かってきたので、私も機関士として乗務するようになった。心配していたブレーキ扱いも上手くいくし、汽笛もまろやかな音色で吹鳴することができるし、嬉しくなった。12年前に夕食を食べながら、先輩にいろいろ教えてもらったことがまた役に立っている。感謝、感謝である。久しぶりの出向に自信が持てた。

また、こんな忘れられない思い出があった。

私はかつて「高崎第一機関区の機関士を命ずる」の発令通知を区長室でもらったとき、区長から機関士の必需品である機関士腕章、懐中時計、点検ハンマーを手渡された。12年ぶりに秩父鉄道に出向したとき、高崎運転所でＳＬ担当の主任検査係をしていたＪＲ東日本の社員が、信越本線の碓氷峠で使用したラックレールの残骸で点検ハンマーを作り私にくれた。私は区長から渡された点検ハンマーがあるので、「ありがとう」と礼を言って受け取ったものの、秩父鉄道での出区点検では、区長からいただいた点検ハンマーを使用していた。

「ＳＬパレオ号」を牽引している３６３号機は、定期検査の期限が来ると高崎運転所に回送され点検整備検査を受けていた。私も高崎運転所に赴いた時はＳＬ担当の主任検査係の手前もあり、出区点検はラックレールの残骸でできた点検ハンマーを使用した。すると、ラックレールで作ってもらった点検ハンマーは打音がよく耳に響き、ナットや止め金具の少しの緩みもすぐ判断することができた。

私は嬉しくなり、ハンマーをくれた主任検査係に何度も礼を言った。するとこの検査係は、「そうだろう、ラックレールで作ったハンマーは打音がよくて点検しやすいだろう。俺の点検ハンマーもラックレールで作ったものだよ」と言って笑った。私は大切に使用してきた点検ハンマーを、自宅に持ち帰り保管した。点検ハンマーのおかげで、碓氷峠で使用していたラックレールの材質の良さを知ることができた。

平成15年（2003）からは埼玉県北部観光振興財団が「SLパレオ号」の運行から撤退し、秩父鉄道が自主運行をするようになった。それまでは埼玉県北部観光振興財団が資金を出して363号機を動態復元し運転整備をしてきたが、平成15年から同機は秩父鉄道の車籍となって、秩父鉄道が全資金を出して運転整備をして自主的に運行することになったのだ。

秩父鉄道の自主運行となり、私は出向者6人の責任者となった。勤務指定表を作成したり、超過勤務や夜勤手当の整理をして秩父鉄道に提出したり、何か問題点が発生すると、その問題点の解決に取り組んだりしながら「SLパレオ号」の運転も担当した。

出向している仲間が病気などで何日か休むと、勤務のやりくりに頭を悩ませた。長期間病気などで休みが続く場合は、高崎鉄道整備に相談しなければならないが、代替えの出向社員はなかなか出してもらえず、基本的には出向者でやりくりした。出向者の中に先輩機関士もいたので、いろいろ相談しながら業務を進めていった。

石炭の品質改善に奔走

SLの運行が秩父鉄道の自主運行に変わり、機関車に使用する石炭がセメント会社で使用している石炭に変わってしまった。

自主運行になる前は、埼玉県北部観光振興財団が太平洋海底炭など発熱量の高い石炭を購入してくれていたので、ＳＬの運行には何の心配もなかった。太平洋海底炭は塊炭ばかりで粉炭の混入がない。蒸気機関車の全盛時代に使用していた、北海道夕張炭などと同じ程度の発熱量があり、燃焼効率もよく使いやすい石炭であった。

ここで石炭について簡単に分類してみよう。まず初めに品質による分類があり、石炭化度の進んだ順に無煙炭、瀝青炭《れきせいたん》、褐炭、亜炭、泥炭があり、蒸気機関車用燃料としては瀝青炭が最も適している。揮発分が多いので、長い炎を発して燃焼して発熱量も多い。鉄道の現場で日常言われている石炭は、この瀝青炭を指している。

二番目は石炭の大きさによる分類で、塊炭、切込炭、粉炭、微粉炭となる。塊炭は原則として粉炭を含まないもののことであるが、積み込みや輸送中にできた粉炭は1～2割まで混入を認めることがあった。切込炭は原則として塊炭50パーセント、粉炭50パーセントを混合したものである。粉炭は原則として、18ミリの丸目《まるめ》篩《ふるい》から落下したものを言うのである。微粉炭は水洗機の底部にたまったごくこまかな石炭を言うが、火力発電所等の燃料や煉炭製造の原料に使われる。

三番目は炭種及び炭名による分類があり、炭種は採掘される地方の名称で呼ばれている。北海道炭、常磐炭、九州炭など炭名は炭坑の名を付けられて夕張炭や入山炭と呼んだ。

ＳＬ全盛時代に使用した石炭を見ると、発熱量の多い石炭は本線列車専用に、発熱量の少ない石炭は入換機関車に使用した。発熱量の最も多かったのが北海道夕張炭で、石炭１キログラムに対して７４８０カロリーあった。発熱量の少ない石炭は常磐炭で、石炭１キログラムで５４００～６１００カロリーであった。

セメント会社で使用する石炭は中国産が多く、粉炭が多く混入していて発熱量も６０００カロリー前後で、本線を運転する「ＳＬパレオ号」には不向きであった。この石炭を使用して列車を牽引するには至難の業である。

特に中国産の石炭は発熱量が低く、粉炭が多くて小石も混入していて神経を使った。小石が混入していると、火床整理（火室内にたまった石炭の燃え殻を下に落とす作業）の時、揺り火格子（石炭の燃えがらを揺すって落す装置）に小石が挟まると作業ができなくなり、列車運休になることもある。小石が混じり、粉炭が多いと仲間たちから文句が出た。

そんな時、私は率先して機関助士を担当して焚火作業を担当した。蒸気に追われながら列車遅延だけはさせないよう必死で焚火作業に取り組み、やっとの思いで三峰口駅に到着したことが時どきあった。しかし石炭が悪くても、機関士と機関助士が協力しあって汗を流し、列車の遅延を防止しながら列車を動かすことは、あまり苦労とは思わなかった。

ある時、先輩機関士と乗務し、私が機関助士を担当した。今日こそは蒸気に追われないよう火床整理を丁寧にして広瀬川原駅から回送で熊谷駅に行き、折り返し5001列車（ＳＬパレオ号）で熊谷駅を定刻に発車した。

途中、武川駅、寄居駅、長瀞駅を停車し和銅黒谷駅まで順調に来た。ここで缶水を充分補給すれば、秩父駅までは何とかなる。少し余裕ができた。ところが、和銅黒谷駅を発車して大野原駅の場内信号機が赤信号だったので場外停止してしまった。

すぐに発車したが、いったん列車を停止させるとなかなか加速しない。機関士も本気で加減弁を開け増して列車を加速させたのだが、秩父駅には少し遅れて到着した。乗客の乗降が済むと、すぐ発車になり御花畑駅に到着した。

私が焚火に追われながら缶水の補充をしていると、機関士は「列車が遅れるのですぐ発車する」と言うのである。私は「缶水が半分なので、もう少し補充したいので少し待ってくれ」と言ったのだが、機関士は汽笛を鳴らして列車を発車させてしまった。

私は腹がたって、「溶け栓が溶けても俺は責任をとらないからね」と大声を出した。缶水が減って火室の天井板が缶水から露出すると、溶け栓の鉛が溶けて火室に蒸気を噴き出し、以後の運転はできなくなってしまうのである。

機関士はたまげて私の顔を見た。私は缶圧を下げないよう、細心の注意を払いながら焚火作業を続け、缶水の補給に努めた。すると機関士は、次の影森駅に臨時停車した。私は腹の虫がおさまらず、「何でこんな所に止めるんだい」と言うと、機関士は「溶け栓を溶かすと、運休になってしまうからな」と返す。「こんなところに停まっていれば遅れるから、早く出した方がいい」と強く言うと、機関士が「さっきは悪かった」と謝ってきた。三峰口駅には何とか定時で到着したが、秩父鉄道に出向して初めての経験であった。後味の悪い一昼夜勤務となった。

ＳＬの機関士と機関助士は、少し歯車が狂うとこんな事態になってしまう。元をただせば、品質の悪い石炭から始まったことである。石炭の改善は喫緊の課題であった。このままでは、秩父鉄道に出向する人がいなくなってしまう。私はこの現状を、秩父鉄道の本社に上申した。

すると、秩父鉄道本社の担当者が広瀬川原にやって来た。詰所で状況を話し、本社の考え方も聞かせてもらった。担当者は私たちの苦悩をよく理解してくれた。私は「この人だったら何とかしてくれる。改善されるまで頑張ろう」と思った。担当者は何度も広瀬川原に来てくれ、話し合いを重ねた。その結果、「セメント会社で使用している石炭は変えることができないので発熱量の多いピッチ練炭を購入し、石炭と混ぜて使用したらどうか」、ということになった。

平成15年（２００３）８月より秩父鉄道は、石炭の発熱量向上を図るためピッチ練炭の購入を開始した。購入先は京都府京都市の京阪商事株式会社で、同者は一晩ダンプカーを走らせて、広瀬川原にピッチ練炭を搬入してくれた。徹夜勤務の私たちが門を開けると、早々にピッチ練炭を石炭置き場に降ろしてすぐに京都に帰っていった。

ピッチ練炭は私たちが非運転日を利用し、フォークリフトを使って石炭と混ぜ合わせた。ピッチ練炭を混ぜることで発熱量が上がり、焚火作業は少し改善されたが、粉炭が多いことには頭を悩まされた。

粉炭を多く火室に投炭すると、火床の下から来る通風力が弱まり、石炭と重油を完全燃焼することができず、煙突から黒煙ばかり出て蒸気の上がりが悪いのである。粉炭を減らす方法がないか、担当者を広瀬川原に呼んで話し合ってみた。すると担当者は「私が晴海ふ頭に行き船から陸揚げされた石炭が、どんな状態になっているのか見学して来るからちょっと待ってもらいたい」と言ってくれた。

数日が過ぎると、担当者が見学の結果報告に来た。話し合いの末、担当者が「ＳＬで使用する石炭は港の積み下ろし業者にお願いして、篩にかけ粉炭を除去して塊炭のみを納品してもらうことができないか」と交渉してみることになった。担当者はふたたび晴海ふ頭まで出掛けて行った。

当初はよい返事はもらえなかった。しかし、担当者は諦めずに何度も晴海ふ頭の積み下ろし業者の所に足を運んだ。交渉を続けたところ、積み下ろし業者も担当者の熱意におされ納得し、粉炭をふるい落として塊炭のみで納品してくれることになった。

私は、担当者の熱心な取り組みに心を打たれた。

担当者の熱心な取り組みが奏功して、仲間から文句を言われることもなくなり、安心して業務に取り組めるようになった。中国産の塊炭を使用して熱心に業務に取り組んでいると、セメント会社の都合で中国産の石炭からオーストラリア産の石炭に変わった。

中国産の石炭と違い、オーストラリア産の石炭は発熱量が6800カロリー前後あり、混入する小石もなく良質なものであった。担当者に、「京都の京阪商事から購入しているピッチ練炭は取り止めにしてもいいです」と伝えると、担当者も喜んだ。

SL乗務員は良質な石炭を使用して、機関車の状態がよければ何の苦労もないのだが、どちらか一つが悪いと大変なことになってしまう。

機関車は早めに部品交換や修理して手厚く面倒をみれば何とかなるものだが、石炭の品質が悪いとどうにもならない。これを秩父鉄道の担当者はよく理解し、良質の石炭を納品できるよう一生懸命努力してくれた。良質な石炭を使うことにより、「SLパレオ号」が末永く秩父鉄道のシンボルとして、運行できる礎が築けたのだと感謝した。

秩父鉄道でのＳＬ機関士養成

石炭が改善されても、順調に「ＳＬパレオ号」が運転できたわけではない。平成16年（２００４）にはＣ58形３６３号機の全般検査があり、そのため運行開始が遅れて7月となってしまった。さらに、運転開始早々に一緒に出向していた、先輩機関士の１人が腰痛で動けなくなり入院してしまった。

私は１ヵ月位の入院だったら、何とかやりくりしようと考えたが、３ヵ月以上の入院が必要だと言う。高崎鉄道整備の本社へ行き事情を説明し、期間限定の出向者の派遣をお願いした。常務取締役と総務部長が相談に乗ってくれ、高崎鉄道整備を退職して、自宅でのんびりしている大先輩のＳＬ機関士にお願いしたらどうか、ということになり、私と常務取締役で先輩の自宅を訪ね事情を話した。

はじめは先輩も、もう歳だからと言って断っていたが、私と常務が再三お願いしていると、「期間限定なら行ってもいいよ」と言って了承してくれた。私と常務は、ホッとして先輩の家を後にした。大先輩が秩父鉄道に出向することなど二度とないと思い、私はできる限りこの大先輩機関士と乗務するようにし、機関助士を担当しながら運転操縦方法を勉強させてもらった。

とにかく何をやるにも無理がなく、身体全体を使って運転操縦し、無駄な動きがない。自然態でSLを運転する。私は「いつになったらこんな機関士になれるのだろうか」と思いながら、この大先輩と乗務した。大先輩は11月30日まで、「SLパレオ号」の運転を手伝ってくれた。

平成17年（2005）からは乗務員は5人（機関士3人、機関助士2人）、検修員が3人（常勤2人、非常勤1人）の8人体制となった。

運転開始が3月からであったが、先輩2人はだいぶ歳をとってしまった。「何もなければ良いのだが」と心配しながら3月19日～12月4日まで営業運転に取り組んだが、何とか無事に乗り切ることができた。運転回数は94回に及んだ。

平成18年（2006）は3月18日から営業運転を開始したが、自分も含めてSLスタッフの高齢化を感じずにはいられなかった。右を向いても左を見ても、高齢者ばかりである。「このままでSLパレオ号の運転を継続できるだろうか」と自問自答を繰り返した。

私は秩父鉄道本社に、「私たちは高齢のため、やがては運転できなくなってしまう。このままSLパレオ号の運転を続けていくのなら、自社のSL機関士を養成したらどうですか」と相談してみた。初め会社側はあまり乗り気ではなかったが、「私はSL機関士を養成した経験があるので、私がいるうちなら何とかなります」と言ったら、会社も前向きに検討してくれることになった。

本社の課長が何度も広瀬川原に足を運び、仕事の合間をみていろいろと意見交換した結果、

「まず2人を養成してみよう」ということになった。私も高崎鉄道整備の本社へ行き、細かい状況を説明し了解を得た。秩父鉄道も関東運輸局、ＪＲ東日本高崎支社、高崎鉄道整備と、それぞれにヒアリングを行って準備を進めてくれた。

私は営業運転の合間をみて、学科講習の準備を始めた。教科書の手配や教室の準備など高崎鉄道整備の事業部長と相談しながら決めていった。学科講習は「ＳＬパレオ号」の運転がない1月中旬から、高崎で実施することで秩父鉄道の了解を得た。

この年は363号機の調子もよく、96回の営業運転を経て12月3日に運転終了した。営業運転が終了すると、私は高崎鉄道整備会社に戻り、学科講習の日程表を作成するとともに、教科書の手配に追われ忙しい日々を過ごした。

教科書はＪＲ東日本白河研修センター（旧・中央研修センター）から拝借し、使用することにした。私が以前、中央研修センターで、ＳＬ機関士養成の学科講習に使用した教科書である。蒸気機関車の構造及び機能はすべて私が受け持ち、安全に関する基本的事項と運転理論を一週間に1日入れて、こちらは一緒に秩父鉄道に出向している先輩にお願いした。

学科講習は高崎鉄道整備、高崎事業所の講習室を使用することになった。国土交通省で実施する学科試験は、年度ごとに第一回目が9月、第二回目が年度末の3月に行われる。この学科試験に合格した者が3ヵ月後に行われる技能試験を受験することができ、この技能試験に合格するとＳＬの運転操縦免許証が国土交通省の関東運輸局から交付されるのである。

平成19年（２００７）１月から学科講習を行い、同年度の第二回目の学科試験（３月実施）合格することを目指して勉強するのである。試験科目は蒸気機関車の構造及び機能と一般常識（安全に対する基本知識）、運転理論、それに運転法規だが、運転法規はすでに電車の運転操縦免許を取得している秩父鉄道の２人については免除される。

秩父鉄道で優秀な電車運転士を選抜し、ＳＬ機関士養成に送り出してくれたので、私は安堵した。何を教えてもすぐ理解し、学科講習期間内に何回も模擬試験を実施したが、いずれも優秀な試験結果を残していたので、受講生たちより私の方が合格間違いなしと確信していた。

３月に行われた国土交通省の国家試験に予想どおり合格し、秩父鉄道で技能講習を開始することになった。技能講習は先輩機関士２人と私の３人が指導操縦者となり、技能講習の進度表を作って共通の認識を持ちながら進めることにした。

秩父鉄道の場合、同一線路における車種転換講習に該当するので、乗務時間は２３２時間以上が必要となる。そのため、熊谷駅～三峰口駅間で35回程度の乗務訓練を行う必要があった。この乗務講習時間をクリアーしてから、技能試験を受験することとなる。

始めに営業運転がない日を選び、広瀬川原駅の側線を使ってＳＬ（３６３号機）を動かし、運転操縦の基本となる機器の取り扱い訓練を実施した。

初めてＳＬの機関士席に座って、蒸気機関車を動かすのである。緊張するのが当前なのだが、なかなか基本動作ができない。基本動作がスムーズにできないと、本線に出て機関士席に座らせるわけにはいかない。それでも1日、2日、3日と訓練を重ねていくうちに、何とか基本動作が身に付いてきた。

本線乗務の前にもう一つ大事なことは、機関助士の仕事を覚えなければならないことだ。広瀬川原の乗務員詰所を使って、私が機関助士科で学んで来た焚火給油の勉強や、石炭置き場に行き、スコップですくった石炭を目的の場所に散らばして投げる投炭訓練を実施した。

本来は技能講習が始まると、機関士に必要な出区点検や応急処置訓練、非常の場合の措置訓練などを行うのだが、秩父鉄道の場合それができなかった。まず、機関助士の知識を充分に身に付けさせておかないとＳＬ機関士の養成は無理である。

ＳＬ機関士の運転操縦技能を向上させていくには、機関助士の作業を完全にマスターしていないといけない。機関助士の作業がうまくできないと、機関士の運転操縦もうまくできない。蒸気機関車の運転は、機関士と機関助士が一心同体で取り組んでいかないと上手い運転はできないのだ。

ＳＬ機関士の養成は、2人が一緒に技能講習を始めたので、営業運転日は1人が機関士見習い（運転操縦訓練）を行い、もう1人は機関助士見習い（火床整理や焚火訓練）を行い、同一歩調で技能の進捗を目指した。

通常であれば、機関助士の経験がある人が機関士を目指して、学科試験に合格してから技能講習を始めるのだが、秩父鉄道の場合は機関助士の経験がなく、ＳＬを全く知らない人がいきなりＳＬ機関士を目指しているのである。大変なことは言うまでもない。私はこのことを承知のうえで、秩父鉄道にＳＬ機関士の養成を勧めたのである。秩父鉄道の2人は一生懸命これに取り組んでいる。私たちも頑張った。

私はＪＲ東日本でＳＬ機関士養成に取り組んだことはあったが、国土交通省が実施する技能試験に関わるのは初めてのこととなった。どのような問題が出され、どのような対応をしていけば技能試験に合格できるのか、私自身も頭を悩ませた。

5月の連休が終わると、ＳＬの運転操縦や機関助士の焚火作業もだいぶ上達して来た。営業運転がない日は集中して、出区点検（機関車を決められた順序で点検）、応急処置（機関車が運転の途中で故障した場合の応急処置）、非常の場合の措置（ＳＬの運転中に発生した踏切事故や落石事故の措置）訓練を実施した。自動車や落石などは段ボール箱を利用して作り、より臨場感をもって訓練ができるよう工夫した。いろいろな事象を想定して訓練を繰り返し行っていると、決められた時間内でキチッとした処置ができるようになって来た。

あとは運転操縦の技能向上である。3人の指導操縦者で、ときどき意見交換をしながら指導していったのだが、機関士見習いが運転すると運転時分がなかなか合わない（駅間を時刻表どおりの時間で運転することができない）。早かったり、遅かったりして定時運転ができないのだ。

私は本社の運転課に、ＳＬの運転曲線について尋ねてみた。ＳＬの運転時分は秩父鉄道でＡＴＳ導入時に貨物列車と同じ区間運転時分に設定していたため、ＳＬの運転曲線は存在しないことが判明した。

そこで担当者にＳＬ運転時のシリンダー圧力や逆転機の数値などをレクチャーし、ＳＬの速度距離曲線（通称ヤナギ）をおこし、ベースとなる運転曲線を作成してもらった。そして、その運転曲線を参考にして私が運転し速度と時間を計測し、微調整しながら運転曲線を完成させたのだった。その運転曲線を見ながら、見習いと指導操縦者で定時運転するにはどうしたらいいのか、いろいろと意見を出し合った。

この時、私は自分が機関士見習いの時に基準にしていた、「１００メートルを12秒で走ると時速30キロである」ことを参考意見として述べた。見習いたちは関心を持って聞いていた。話し合いの結果、停車駅の場内信号機手前で速度と残り時間を計測し、運転速度を調整すること。場内信号機を通過したら、ブレーキ扱いで時間調整しながら停止位置に合わせて止めること。駅間の運転方法はあまり細かいことを言わずに、見習いがやってみたい運転をさせること、といったことが決められた。

すると、見習い自身が懐中時計を見ながら、キロポスト（線路脇に100メートルごとに設置してある距離標識）間の走行時間を確認して速度を計測したり、加減弁を開け増したり逆転機を引き上げたりして、運転操縦方法を工夫するようになった。そして、私たちにも質問することが多くなった。こうして、指導操縦者と見習いが一体となり、技能試験合格に向かって進み始めたのである。私は嬉しかった。

8月に入ると、関東運輸局の調査官2人が、秩父鉄道にSL技能試験の事前調査にやって来た。SLに添乗して長瀞駅まで往復した後、調査官にいろいろと話を聞くことができた。試験方法なども質問してみたが、以前に私がJR東日本でやっていた方法と変わりがないので安心した。8月下旬、私は秩父鉄道本社の課長とSL担当者の3人で、技能試験の打ち合わせのため関東運輸局に出掛け、技能試験に伴う必要書類を提出した。

秩父線での国家試験

技能試験は、平成19年（2007）9月19日～21日の3日間で行われることになった。広瀬川原に帰り皆にこの旨を伝え、技能試験合格に向けてもうひと頑張りするようお願いした。

技能試験までは3週間あったので、運転操縦に対しては速度計を隠し、正確な運転速度と区間運転時分で運転できるか、再チェックを行いながら技能の向上を求めた。出区点検や応急処置、非常の場合の措置は営業運転がない日に何度も繰り返し訓練してきたので、心配するほどではなかった。

9月19日、技能試験の日が来た。関東運輸局から3人の試験官がやって来た。広瀬川原駅の事務所で3人の試験官と秩父鉄道の部長、課長、受験者2人と私が入り、試験官より試験項目の実施日程や、試験方法などの説明を受けた。私は想定していた試験方法だったので安心した。受験者には、「落ち着いてやれば大丈夫だ」と励ました。すべての試験に私は立ち合った。

初日と2日目は、1人ずつ運転操縦試験を行った。運転操縦試験は速度計を隠して、停車駅から次の停車駅まで1区間とし、合計10区間で「第4章」でも述べた減点法による試験を行うのである。

下りの5001列車（営業運転では「ＳＬパレオ号」となる）として熊谷駅を発車し、初めに停車する武川駅までが練習区間で、武川駅〜寄居駅が第1区間、寄居駅〜長瀞駅が第2区間、長瀞駅〜皆野駅が第3区間、皆野駅〜秩父駅が第4区間、秩父駅〜御花畑駅が第5区間として設定された折り返し5002列車では御花畑駅〜秩父駅が第6区間、秩父駅〜皆野駅が第7区間、皆野駅〜長瀞駅が第8区間、長瀞駅〜寄居駅が第9区間、寄居駅〜武川駅が第10区間として運転操縦試験が実施された。

武川駅に５００１列車が到着すると運転室から受験者が降り、試験官３人の前で姿勢を正して挨拶した。そして、初日の試験が開始された。

試験官３人は分担して、列車衝動と区間運転時分の計測、停止位置の計測、機関車の運転室に乗り、運転操縦のチェックや速度観測などを行う。日頃から練習してきたとはいえ、試験となると受験者は緊張する。「大丈夫だ、落ち着いてやれ」と一声かけてから、私も機関車の運転室に乗り込んだ。

試験官に「宜しくお願いします」と挨拶して、機関助士席の後ろに立った。試験官は機関士席の後ろに立って、信号喚呼や機器の取り扱い、速度制限など決められた項目を手順どおり実施しているか一つ一つチェックし、試験用紙に記入していくのである。また速度観測区間に入ると、速度観測を実施し、実速度と受験者が答えた速度を試験用紙に記入する。運転操縦試験を実施する試験官も、気を抜く暇はない。

私は指導操縦者として、機関車の運転室に乗務しているので、受験者に何かあったら私が非常ブレーキを使用して列車を止めたり、運転もしなければならない。受験者と同じように信号を確認し、前途を注視していかなければならない。私が運転操縦試験に立ち合うことで、受験者もリラックスして試験に立ち向かえたことだろう。

受験者の運転操縦の様子を見ていると、これといった大きなミスもなく、御花畑駅に到着した。試験官と受験者が降車して客車に行ったので、私が機関士席に座り三峰口駅まで運転して行った。三峰口で昼食をとり、折り返しの５００２列車は三峰口駅から御花畑駅まで受験者に練習運転をさせ、御花畑駅から武川駅まで再び運転操縦試験を実施した。

心配していた運転時分の誤差も少なく、合格基準に達している運転操縦で武川駅に到着した。1人目の運転操縦試験が無事に終了し、安心した。

翌日の運転操縦試験は試験官の分担が変わったが、「大丈夫だ、落ち着いていつもと同じようにやれ」と激励し、受験者を回送の５１０２列車に乗せて熊谷駅に向かった。

2日目も前日同様、５００1列車で武川駅に到着すると、受験者が機関車から降りて試験官の前に行き、姿勢を正して挨拶してから技能試験が始まった。

2日目は試験官もリラックスしていて、停車時間中に冗談も言うようになった。受験者も肩の力が抜け、初日よりうまいブレーキ扱いができているし、区間運転時分の誤差も少なかった。長瀞駅に到着すると、試験官が機関車から降りていたので、受験者と下回り点検をしたあと機関車に戻り、「この調子でいけば大丈夫だ」と小さな声で激励し発車時間を待った。

長瀞駅を定時に発車し、皆野駅、秩父駅に停車し、御花畑駅に定時に到着して、下り列車での試験が終了し、折り返し５００2列車での試験（御花畑駅〜武川駅）となるので、試験官と受験者は客車に戻った。

昨日と同様、三峰口で昼食を済ませたあと、受験者は５００２列車で三峰口駅から御花畑駅まで練習運転をし、御花畑駅から運転操縦試験が開始されたが、落ち着いて運転操縦ができ、速度観測試験や区間運転時分もあまり誤差もなく、武川駅に無事到着して運転操縦試験が終了した。

３日目は、出区点検、応急処置、非常の場合の措置、距離目測の試験である。何回も何回も訓練を繰り返してきた項目なので心配はなかった。私は試験官と相談しながら故障箇所を作ったり、故障想定箇所を設定したりしながら試験準備を行い、試験の成り行きを見守った。

出区点検では仮設箇所（機器の故障や異物の混入や設置）を全部見つけ、応急処置（私が試験官と相談してつくった故障個所の応急処置）、非常の場合の措置（事故を想定した対応と処置）も基本に忠実な機敏な動作で行われ、時間内に終了できた。一生懸命取り組んできた成果が出た。私は「ご苦労さん」と、受験者の労をねぎらった。

こうして３日間の技能試験が終了したが、私は国土交通省の国家試験が初めての体験であったので少し緊張したが、よい結果が出ることを祈った。

10月に入ると国家試験の発表があった。

秩父鉄道の２人は見事合格し、動力車運転操縦免許の「蒸気車」を取得した。蒸気車の運転操縦免許を取得したからといって、翌日からすぐに乗客を乗せた列車の運転をさせるわけにはいかない。まだまだ、運転操縦技術を向上させていかなければならないので、12月の営業運転が終了するまで、私たちと一緒に乗務し運転操縦技術の向上に努めてもらった。

継続された機関士養成

12月の営業が終了する少し前に、秩父鉄道から「来年もＳＬ機関士を２人養成してもらえないか」と相談を受け、私は高崎鉄道整備の本社に行って了解を得た。

秩父鉄道と高崎鉄道整備会社に学科講習計画を提出し、学科講習準備に入った。平成20年（２００８）１月17日から３月５日まで学科講習を行い、３月中旬に行われる国土交通省の学科試験を受験する計画である。

１月に入って学科講習が始まった。前回の２人と違って今回は、１人が真面目で几帳面な性格だったが、もう１人は大雑把な性格の持ち主であった。板書しても１人はきちんとノートに書き込むのだが、もう１人はザラ紙にメモする程度であった。初めの頃はザラ紙にメモして自宅に帰ったら、復習しながら別のノートに清書するのだと思っていた。しかし、中間テストをしてビックリした。板書した部分を出題してみると、全く正確な回答ができない。

私が「何月何日に板書したことを質問しているのだ、ノートを見せてみろ」と言うと、カバンの中をかき回すがメモしたはずのザラ紙が見つからない。こんな状態で学科講習を進めたところでＳＬの知識が身につくのだろうかと疑問を感じ、本人と話し合いをした。だが、ザラ紙がもったいないと言い、最後までノートを買ってこなかった。

それでも私は、２人を国土交通省の学科試験に合格させなければならなかった。悩んだ末に、国土交通省の試験に出題されそうな問題を作り、一週間に二～三回テストを行い、採点したテスト用紙に正解を書き入れ本人に返した。すると、本人はテスト用紙をファイルして、休み時間に広げて読むようになった。私は見て見ぬふりをして、学科講習を続けた。

心配した学科試験だが２人とも合格し、４月から技能講習に入った。技能講習に入っても、持って生まれた性格は変わらず苦労の連続であったが、何とか運転操縦試験にも合格し、ＳＬの運転操縦免許を取得させることができた。

12月になると本社から、「今度は検修員２人とＳＬ機関士１人の養成をお願いしたい」と言って来た。私は検修の経験がないので、学科講習のみを引き受けた。本社に「検修員２人のうち1人は、旋盤技術を持っている人を推薦してくれるように」とお願いすると、中年の検修員と若い旋盤技術を持った検修員を派遣してくれた。

ＳＬ機関士養成者も、若くてやる気のある電車運転士が来てくれたので、学科講習には気合が入った。機関士と研修員の同時養成となったため、機関車の構造など項目ごとに突っ込んだ授業を進めていった。車軸や軸箱、ウエッジ調整、走り装置や弁調整などは板書しながら詳しく教えた。授業態度もよく理解力もあり、常に感心を持って受講してくれたので充実した学科講習となった。検修員は学科講習が終了すると、ＪＲ東日本高崎車両センターで検査修繕技術の実技講習を受けた。同センターでは、私と一緒に出向している検修員にも検査修繕技術を教えていただいた。

この時点で、ＳＬ機関士養成は三回目となっていた。何より本人たちがやる気満まんであったこともあり、私は安心して技能講習に取り組むことができた。予定どおり技能試験に合格したので、私は今まで大切に保存して来たＳＬ資料を、意欲ある若手後継者に受け継いでもらった。

ＳＬ機関士の養成人員が5人となり、ようやく秩父鉄道単独で「ＳＬパレオエクスプレス号」を運転する態勢ができあがった。私たちはやっと「ＳＬパレオ号」の運転から身を引き、保火作業でＳＬの営業運転を支えていくことになった。

ところが、予期せぬ事故が起きてしまった。会社も私も「安全第一」に徹していたが、やる気満まんであった若手後継者が仕事中に触車事故で亡くなってしまった。せっかくＳＬ運転操縦免許を取得したのに、残念で仕方なかった。

秩父鉄道本社は私に、「ＳＬ機関士を1人養成して5人体制に戻したいので、何とか面倒を見てもらえないか」と打診してきた。私は「SLパレオ号の運行を続けるには、5人のSL機関士が必要なことは理解しているが、私自身は運転から身を引いてしまったのです。養成時の技能講習については、私たちが教えた一期生の機関士が中心になればできます。技能講習で何か問題点があればいつでも相談に乗りますから」と言って、学科講習だけを引き受けた。

学科講習は平成25年（2013）1月15日から3月8日まで、高崎鉄道整備の本社講習室で行った。学科講習で一般常識（安全に対する基本知識）と運転理論は、勉強のため一期生の機関士にお願いした。

秩父鉄道ではSL機関士を希望している社員が大勢いたが、一番若い電車運転士が推薦されて来た。SLに小さい時から興味を持ち、秩父鉄道に入社したと言う。勉強熱心で、理解度も高かったので学科講習に余裕ができて、私は体験談などを話しながら授業を進めて行った。

ある時、私が八高線のタブレット廃止に伴うイベント列車の運転をした時のことを話した。すると彼は、「小さい時からSLが好きで、幼稚園の時に八高線でSLが走ると聞いて、お爺さんと寄居駅までSLを見に行った」と言う。ところが、SLが遅れてなかなか来なかったので、「お爺さんに、まだSLが来ない、まだ来ない、とぐずった思い出がある」と言ったので驚いた。私がその遅れたSL列車の機関士であった。沿線にSLファンが多く押し寄せ、何回も非常ブレーキを使用して止まり、列車を遅れさせてしまったのである。

遅れたイベント列車を見に来ていた幼稚園生に、ＳＬ機関士になる学科講習をしているとは不思議な縁である。彼も若くて、勉強熱心な青年であった。ＳＬの知識を彼に充分託すことができた学科講習であった。

この上は、彼の技能講習が順調に進み、国土交通省の国家試験に合格し、ＳＬ運転操縦免許を取得して、秩父鉄道の「ＳＬパレオ号」の運転士の仲間入りができることを祈った。

ＳＬ機関士として、また機関士の自主養成や検修員の育成などを含め、私はのべ12年間にわたり秩父鉄道に関わってきた。機関士養成では、各自が自分の立場をよく理解し努力してくれたお陰で、何の心配もなく全員が一発で合格した。

平成25年（２０１３）12月に秩父鉄道への出向が終了し、私は秩父鉄道の皆さんに感謝しつつ、高崎鉄道整備に戻った。そして退職した。

秩父鉄道で機関士の養成を行う筆者。写真上は第二期生の訓練運転。下は第一期生の機関士見習いのハンドル訓練の様子

第6章

東武鉄道のＳＬ復活運行

日光・鬼怒川の沿線活性化に大きく寄与した「SL 大樹」C11 形 207 号機。平成 29（2017）年の運転開始以来、全国の SL ファンから熱い視線が注がれている

鬼怒川温泉駅で方向転換を待つ C11 形 207 号機。機関車後位に連結される車掌車には ATS 機器が搭載されている

東武鉄道における添乗指導最終日。自身が指導した機関士たちから記念品が贈呈され、筆者にとっては感無量の 1 日となった

ＳＬ復活運転の立ち上げ

平成28年（２０１６）1月、「ＳＬパレオ号」の運転でお世話になった秩父鉄道の元ＳＬ担当者から、「東武鉄道でＳＬの復活運転を計画しているので、少し相談したいことがある。高崎まで出て来てもらえないか」との打診があった。

私は「ＳＬの復活運転で何か役に立つことがあれば」との思いから、1月25日に高崎に出向いた。高崎駅の改札口を出ると、秩父鉄道時代のＳＬ担当者と東武鉄道のＳＬ復活運転計画の担当者が待っていた。駅近くの日本料理店に案内されると、さらに東武鉄道のＳＬ復活運転計画の責任者と、役職にある担当者も待機していた。

多くの関係者に囲まれながら、計画責任者から東武鉄道のＳＬ復活運転計画について聞かせてもらった。東武鉄道の「鉄道産業文化遺産の復元と保存」に対する取り組みと、情熱がひしひしと伝わってきた。

復活運転する予定のＳＬは、平成12年（２０００）にＪＲ北海道で動態保存機として復元された機関車であった。「ＳＬニセコ号」で活躍していたこの機関車は、北海道の豪雪期の運転に対応するために前照灯が左右に2つ取り付けてあり、このユニークな形態から〝カニ目〟と称されることもあった。

ＳＬ運転に必須となる「転車台」は、山口県長門市と広島県三次市に残っていたものを移転・修理して活用したいという。さらに、ＳＬ列車に充当される客車は、国鉄時代の昭和40年代半ばに登場した14系座席車と12系（いずれもＪＲ四国から譲受予定）で、同形式のトップナンバー車両（同形式の車両で最初に製作された1号車）も含まれるとのことだった。

機関車、客車、転車台は、いずれも日本が大切に保存していかなければならない一級品の鉄道文化遺産である。私はこの話に大いに感銘を受け、その場で「協力させてください」と応えたのだった。

今まで数多くの人とＳＬの動態保存など、鉄道の文化遺産の保存と活用について意見交換をしてきたが、これほど情熱をもって鉄道産業文化遺産の保存と活用に取り組もうとしている人たちに出会ったことはなかった。

私はＪＲ東日本に勤務していた頃、社命で「ヨーロッパにおけるＳＬの保存状態調査」の一員として欧州に派遣され、日本のＳＬ保存の実態と考え方に疑問を感じていた。イギリス、フランス、ポーランドの鉄道の発展とＳＬ保存の様子を視察して感じたことは、それぞれの国の文化や気質やＳＬ保存に対する価値観の違いこそあれ、国の発展に貢献してきた鉄道遺産を他の重要な文化財と同様に扱っていることだった。

だが、日本は必ずしもそうではなかった。日本の鉄道は明治3年（１８７０）、イギリス政府の援助を受け鉄道建設に着手し、明治5年（1872）9月（旧暦）に新橋〜横浜間29・1キロが開通した。初期の鉄道建設の資材はすべてイギリスから輸入したもので、多くの外国人技師の手によって完成させることができた。

SLの第1号機はイギリスのバルカン・ファンドリ社で明治4年（1871）に製作されたもので、鉄道開業用に5形式のタンク機関車10両が選ばれ輸入された。それから約20年後の明治25年（1893）、神戸で国産第1号機の860形蒸気機関車が製作され、日本でも本格的な蒸気機関車の時代に突入したのである。

明治20年代に入ると、日本の鉄道技術は飛躍的に向上するとともに、日本の国土・風土に合致する特有の形態へと進化を遂げていった。機関車製造の技術が確立した後も、高速で大量の物資輸送ができるように改良を重ね、性能や効率の向上のための更なる技術開発が重ねられていった。

紆余曲折を経て段階的に発達してきた日本の蒸気機関車だったが、昭和30年代に開始された「動力近代化」と、合理化の中で廃止されていった。だが、蒸気機関車は、「一時代の輸送手段」として過去のものにしてはいけない。ヨーロッパにSL保存調査に派遣されて痛感したことは、日本とヨーロッパではSLに対する歴史的評価に大きな差異があることだった。

文化の保護は、その国の歴史と伝統、さらに人びとの平和な心から生まれるものだろう。経済優先の施策も理解できるが、古きものを大切にする余裕が必要と感じる。鉄道輸送の原点である蒸気機関車は、世界各国の経済の発展に寄与した功績は多大だ。それゆえに、歴史的価値観の高い文化遺産である。国家的な命題として蒸気機関車の動態保存を考えていかなければならないと私は考えていた。そんな中で、東武鉄道から知らされたのがSL復活運転の話であった。

東武鉄道は、鉄道産業文化遺産の復元と保存に対する理解の深い会社だ。平成元年（1989）に開館した東武博物館（東京都墨田区）は、同社の理念を体現した国内有数の規模を誇る鉄道歴史博物館である。SL復活運転についても、同社はSLやそれに付随する車両や施設の文化財としての価値を認めたうえで、沿線地域の活性化を図りながら事業を発展させていこうという素晴らしい考えを持っていた。私は、そんな素晴らしい会社（東武鉄道）から、「SL復活運転に力を貸してほしい」という話をいただいたのだ。微力であるが、精一杯頑張ろうと身の引き締まる思いに至った。

東武鉄道は、前述のC11形207号機をJR北海道から借り受け、鬼怒川線で復活運転させるという計画である。私は復活担当責任者からいろいろ話を聞いていくうちに、一抹の不安を感じた。私には、「207号機は車軸が発熱しやすい」との雑誌記事を読んだ記憶があった。SL復活運転責任者の話では、東武鉄道鬼怒川線は勾配線区で曲線がきついと言う。C11形の最小通過許容曲線の半径は90メートルだが、客車を牽引してきつい曲線を運転すると、車輪が線路から外れないよう工夫されている動輪のフランジの摩耗が激しい。フランジ塗油器が付いていないとなおさらである。また、走り装置にもかなり無理が生じるので発熱しやすくなる。

私はSL復活運転責任者の熱意に感動し、「協力させてください」と返事はしたものの、過酷な線路の敷設状態の中で何事もなく走ることができるのか、心配になってきた。そして、責任の重大さに改めて身が引き締まる思いだった。

東武鉄道の嘱託社員

秩父鉄道でSL機関士6人と検修員2人が順調に仕上がり、安心して「SLパレオ号」の運転を引き継ぐことができた。勤務していた高崎鉄道整備を退職し、のんびり畑仕事をしていたところへの東武鉄道からのお誘いである。

復活担当責任者に、「協力させてください」と即答はしたものの、妻や子どもの理解をどう得たものか頭を悩ませた。数日後、隣の敷地で動物病院を開業している次男・誠に東武鉄道の話を持ち出すと、「もう勤めなどせず、のんびりした方がいい」とあっさり言われてしまった。だが、浦和に家庭を持っている長男・守は、「その歳で必要とされることは幸せなことだ」と賛意を示し、妻・絹子も賛成してくれた。私の腹は決まった。

平成28年（２０１６）４月６日、ＳＬ復活運行に伴う現状と契約について説明したいとの連絡があったので、東武鉄道本社に赴いた。浅草駅まで迎えに来てくれた担当者は、ＳＬ復活運転計画責任者と一緒に高崎に来て会食をしたことから既に顔見知りで、気安く再会できてほっとした。本社４階の会議室に案内され、運輸部の担当課長よりＳＬ復活運行に伴う現状報告と、嘱託条件についての説明を聞いた。私は会社の提案により、６月１日から翌年の３月31日まで嘱託社員として契約した。

その際の提案内容の一部を紹介しよう。

勤務は週１日を基本とし、業務内容に応じて適宜決定する。勤務時間は10時から15時45分の間で、休憩時間が45分含まれる。勤務場所は東武鉄道本社であるが、業務の都合によって、出張または勤務場所を変更する場合がある。業務内容は「ＳＬ列車の操縦ならびに機関士、機関助士への指導」「ＳＬ列車の安全かつ適正運行」「知識・技能の維持向上」「安全設備の整備、規則・規程の制定」「ＳＬにおける各種イベントなどに関する助言」。「その他、ＳＬ運行に関わる事務の遂行」に関する各事項であった。さらに、「勤務成績、態度・業務遂行能力、会社の経営状況によって契約を更新する」との項目もあった。

私は家に帰り、提案内容やＳＬ復活運転に対する東武鉄道の情熱を、妻や次男に詳しく話をした。そして、次男からも了解を得ることができた。

6月に入り嘱託社員として東武鉄道に出勤すると、SL担当者の案内で近くの眼科医に行き視力検査を受けた。鉄道会社に勤務するとなると、視力検査や運転適性検査は当然と思いながらも少し緊張した。昼食後に担当課長から、SL復活運転準備の進捗状態と今後の計画についての説明を聞いていると、勤務時間が終了となってしまった。翌週は運転適性検査から始まり、会社の概要、コンプライアンスの基本方針について勉強した。私は『コンプライアンス・マニュアル』を精読しながら、嘱託社員としてSL復活運転を担うとともに、責任を持って自らの役割を果たしていくことを心に誓った。

6月には、東武鬼怒川線の視察に出掛けた。栃木駅で担当者と待ち合わせ、往路は特急「きぬ」119号で鬼怒川温泉駅に向かった。途中駅の下今市駅からは運転室に添乗して、線路の状態を見せてもらった。鬼怒川温泉駅に到着すると、同行してくれた東武鉄道の運用担当（東武鉄道の運行ダイヤの作成や、入換方法の立案を担当）が、折り返し時間を利用して転車台が設置予定の駅前広場や、入換線の設置場所について図面を広げて説明してくれた。だが、説明を聞きながら、気になったことがあった。

それは、転車台へ行く入換線の曲線がきついことであった。運用担当に「駐車場を少し買収して、もう少し緩やかな曲線にならないのですか」と聞いてみると、運用担当は「それは、ちょっと無理ですね」と言うではないか。私は、C11形207号機にフランジ塗油器が付いていることを祈った。入換方法についての説明もあったが、これといった問題点は見つからなかった。

復路（鬼怒川温泉駅〜下今市駅）も運転室に添乗して、線路の状態をもう一度見せてもらった。線路の状態をチェックしながら線路図に気付いたことを書き込んだ。下今市駅まで運転室に添乗して1往復してくると、東武鉄道の鬼怒川保養所に向かった。日が暮れる頃には、課長と担当主任が合流して楽しい夕食会となった。その日は保養所に宿泊、翌日は運用担当（運転ダイヤ作成者）と、担当主任と3人で下今市駅に向かった。

下今市駅構内では図面を見ながら転車台の設置予定地や、SL庫の建設予定地などを運用担当が細かく説明してくれたが、建設予定地には住宅があり、まだ入居者もいたので運転開始予定日に間に合うのか心配になった。入換方法については、構内にある踏切まで行って図面を広げ上り、下り方面を見ながら細かく説明を受けた。上り方面で踏切を過ぎると、1000分の18の下り勾配となっていた。ということは、鬼怒川温泉行きのSL列車は、入換作業でDLが下り勾配の途中まで引き上げ停車した後、折り返しSLで列車をホームに据え付けることになる。SLは上り勾配で、列車を引き出さなければならない。

東武鉄道のSL機関士は免許を取得したばかりで、上り勾配での引き出し方の体験などがなく少し心配であった。私は「適切な引き出し方法がありますので、何回か練習すれば大丈夫ですよ」と言うと、運用担当は「この入換が一番心配でしたが、大丈夫と聞いて安心しました」と、安堵した。1泊2日の現地視察であったが、工事の進捗状態やSL・DLでの構内入換方法などを知ることができ、改めてSL復活運転への意気込みが湧いて来た。

7月に入ると忙しい日々が続いた。自宅で東武鉄道の運転取扱実施基準の本を広げて勉強していると一週間が早く感じた。本社への通勤も少しずつ慣れてきた。本社へ出勤したある日、SL担当主任から、「新たに導入するSL乗務員の服装は、SL復活運転の思いが込っているものにしたい。ついてはデザイン選定の協力をしてほしい」と打診された。そこで私は後日、国鉄のSL全盛時代に着用していたナッパ服、帽子、機関士の腕章、懐中時計、点検ハンマーや秩父鉄道で着用していた服を持参することにした。

一週間が過ぎ、大きなカバンにナッパ服などを入れて出勤した。会議室でSL担当主任と共に、SL全盛時代と秩父鉄道のナッパ服や帽子を見比べながら検討を重ねていった。私が最もこだわったのは、機関士腕章とナッパ服の金ボタンの採用だった。東武鉄道のC11形207号機の機関士には、機関士腕章を左腕に付け、金ボタンのナッパ服を着用して乗務してもらいたかった。帽子も秩父鉄道で使用しているものと比較すると、SL全盛時代に使用していたものは形もよく、作りもしっかりしていた。担当主任も私の思いと同じであった。

しばらくすると、担当課長が会議室に顔を出し、広げてあったナッパ服や帽子を手にとって見比べながら、「全盛時代のナッパ服はいいな。これがいい」と言って帰っていった。担当主任と顔を見合わせほほ笑んだ。私が「SL機関士には懐中時計が必需品なので、貸与してもらいたい」とお願いした。だが、担当主任からは「東武鉄道の電車運転士には懐中時計が貸与されていない。SL機関士だけ懐中時計を貸与することはできないと思う」と言われてしまった。私が「SLは速度が遅いので、懐中時計を見ながら運転しないと定時運転することが難しくなります」と食い下がると、担当主任は、「それでは、SL運転用として懐中時計を一つ用意するので、それをSL乗務時のみ貸与することにしましょう」と言ってくれた。

さらに、担当主任はSL全盛時代のナッパ服、帽子、機関士腕章を預かり、会社の上司と相談しながら、これに近いものを発注するよう努力してくれると言ってくれた。私は「ナッパ服の金ボタンだけは、何としても業者を見つけて取り付けてもらいたい」と再度お願いし、SL乗務員の服装についての打ち合わせは終了した。

8月3日、私は担当主任と春日部駅で待ち合わせ、「SL検修庫、訓練線の使用に関する打合せ会議」に出席するため南栗橋車両管区へ向かった。この車両管区には初めて訪れたが、想像以上に広大な敷地だった。車両管区に立ち寄り挨拶をした後、主任と広い構内を歩きながら、SL復活運転の思いを語り合った。会議終了後には、SL検修庫や附属設備工事の進捗状態を視察し、習熟訓練運転線の設置状態についてはイメージ図を広げながら確認した。長い訓練線を目の当たりにしながら、これで充分な習熟訓練ができると思い安心した。

同社の能力開発センターも見学させてもらった。センターの先生は東武鉄道での教育、訓練のあり方や教育設備について詳しく説明してくれた。私もＪＲに勤務していた頃、中央研修センターの動乗室で教師をしていた経験があったので、興味深く話を聞くことができた。そして、この教育設備は必ずやＳＬ乗務員の習熟訓練に役立つであろうと思った。

８月22日に本社に出勤した際には、ＳＬ乗務員のナッパ服と帽子、機関士腕章の発注についての経過報告があった。腕章の試作品を見せてもらったが、品質が今一つだったので作り直しをお願いした。ナッパ服の金ボタンについては何とかなりそうだとの朗報があったが、帽子はＳＬ全盛時代の様式では製作が難しすぎるので、現代の作り方でお願いせざるを得なかったとの話であった。経過報告が終了すると、「ＳＬ試運転の実施に関する打合わせ会議」に出席するため、南栗橋車両管区へ向かった。

Ｃ11形２０７号機の試運転開始

８月23日の早朝、南栗橋車両管区構内にあるＳＬ検修庫に向かった。検修庫に到着すると、Ｃ11形２０７号機は東武鉄道からＪＲ北海道の苗穂工場に派遣され、勉強してきた検修員（東武鉄道）によって点火されていた。ＳＬ担当主任より、試運転担当社員が紹介された。私は大井川鐵道でＳＬ免許を取得した２人とミーティングをしながら、機関車の缶圧を上げていった。補助ブロアーの圧力が弱く、缶圧がなかなか上昇しなかった。

８時40分に缶圧が上昇し始めた。10時に０・３パスカル、10時30分に検修社員が補助ブロアーを取り外した。11時30分に缶圧が０・９キロパスカルに達した。11時40分に缶圧が１・３キロパスカルに上昇したので、圧縮機のバルブを少し開き、圧縮機の動作を確認しながらバルブを開け増し、元空気ダメ圧力が８キロになるのを待って出区点検を開始した。大井川鐵道でＳＬ免許を取得して来た２人が担当し、私はその後に付いて出区点検を見守った。不安感の残る点検作業だったが、機関車の状態は良好で試運転の準備が整った。

昭和41年（１９６６）６月26日、東武鉄道は佐野線における「ＳＬさよなら運転」を最後にＳＬが全廃されてから50年が過ぎていた。この日、試運転といえども、東武鉄道の線路上に蒸気機関車が再び走るのである。記念すべき日である。私は、「何か役に立つことがあれば」と思いこの任務を引き受けたが、記念すべきこの日の当事者となることができた。責任の重大さを感じながら午後の試運転に備えた。

初めての試運転は、南栗橋車両管区構内の試運転線を往復し、「ＳＬ試運転の実施に関する打ち合わせ会議」で決められた事柄を、担当者と再確認しながら実施した。運転は大井川鐵道でＳＬ免許を取得した２人が交代で担当し、私は機関士席の後方に添乗して、運転操縦方法や安全作業について見せてもらった。

１往復目は時速15キロで、可動部の摺動《しゅうどう》状態の確認や潤滑状態の確認をしながらゆっくり走り、時おりブレーキを使用して基礎ブレーキの動作状態の確認をした。２往復目は、少し速度を上げ時速25キロで運転し、異音や振動の確認、車軸等の軸温上昇の有無を触手や温度計測器で確認しながら走行した。３往復目は、速度を時速35～40キロに上げて走行し、加速試験やブレーキ性能試験を実施、異状の有無を確認した。私も検修員と一緒に機関車から降車して、異状の有無を点検した。

最後の１往復は往路を時速40キロで走行し、非常ブレーキ性能試験を行い、折り返し点（能力開発センター前）で摺動部の耐熱検査や異状の有無を確認。復路はゆっくり走行して下り方に到着し、機関車全体の異状の有無を点検して試運転は終了した。検修員の指揮のもとでの試運転だったが、適切な指示をしてくれたので、内容のある試運転となった。

機関車の状態が心配だった私にとっては、機関士の運転操縦まで口を出す暇もなく終了してしまった試運転だったが、機器扱いの順序に問題があると感じた。ＳＬで力行運転から惰行運転に移行する場合、①加減弁を閉める、②バイパス弁を開く、③逆転機を進行方向に極端にとる、④シリンダードレン弁を開く、が本来の順序なのだが、大井川鐵道で免許を取得した２人は、①、③、②、④の順序で行っていた。私は大井川鐵道の機器扱い順序も理解できるが、東武鉄道のSL運転予定線区だと①③②④の順序で扱う必要はないのである。私は大井川鐵道で免許を取得した2人、秩父鉄道でSL免許を取得する2人、その後に真岡鐵道で免許を取得予定だった1人とじっくり話し合い、東武流の機器取り扱い順序を決めて行かなければならないと思った。

また試運転実施中、圧縮機のドレンコックを半開のままにしていることにも疑問があった。苗補工場の検修員に直接聞いてみると、「北海道では皆、このやり方でやっています」と言う。圧縮機のドレンコックは、機内に溜っている水分（ドレン）を排除するために設けられているものなので、私は圧縮機を運転開始する時には、まずドレンコックを開いて圧縮機内に溜っているドレンを排除した。元空気ダメが2〜3キロパスカルになり、圧縮機が温まってきたらドレンコックを閉じて圧縮機に給油していた。圧縮機のドレンコックを半開にしたままだと、給油した油がドレンと共に外に排出されるので、給油効果が薄れ、逆転弁などの摩耗につながる。ドレンコックを半開のままで運転することはしなかった。

北海道は厳寒の地なので、ドレンコック周辺のパイプ等が凍結してしまうことが珍しくないと聞く。そのため、ドレンコックを常に半開にしておいて、温かいドレンを流すことによって、凍結防止も図っているのだろうと私は推測した。厳寒の地なので、おそらくは給油した油も固くてドレンと共に外に流れ出す量も少ないのだろう。

翌日の試運転は、苗補工場の検修員が北海道に帰ってしまったので、北海道に派遣されて勉強をしてきた東武鉄道の検修員が立ち合って試運転を実施した。前半は前日の試運転を参考にしながら実施し、後半は走り装置の発熱状態などを点検しながら速度を上げて運転を繰り返したが異状は見られず、試運転は無事終了した。

試運転終了後、圧縮機のドレンコックの取り扱いについて検修員に聞いてみると、やはり「北海道で教えてもらった取り扱いをしている」との話であった。ＪＲ北海道から借り受けている機関車なのだから、ＪＲ北海道のやり方でやるのは当然にしても、逆転弁等の摩耗による圧縮機の不具合発生により、近い将来ＳＬ列車の運休が出るのではないかと心配になった。

火入れ式と列車名称発表

平成28年（２０１６）９月１日、南栗橋車両管区で「ＳＬ火入れ式に関する打合せ会議」が開かれ、実施日の全体スケジュールや地元向けのＳＬ見学会と、その対応についての話し合いが行われた。

鉄道における「火入れ式」とは、無火機関車の火室内にある石炭に点火する儀式で、神職（神主）が安全祈願の祝詞《のりと》をあげ、式典の代表者（東武鉄道の場合は社長）が火のついている松明を持って火室内の石炭に点火させる儀式である。東武鉄道では真新しいSL検修庫において、C11形207号機に祝詞をあげながら点火させるのである。

9月12日、式典が実施され東武鉄道の社長以下幹部役員、関連各社の招待者が大勢出席し機関車の安全運行と復活運転を祈願した。式典が終了すると、マスコミ各社の機関車撮影や取材が始まった。今日のお披露目運転を担当する、大井川鐵道で免許を取得した2人の機関士と、北海道で焚火訓練実習をして来た機関助士らが、取材対応に追われながらも火室内の燃焼状態を確認し缶圧を上げた。補助プロアーが取り付けてあったので、順調に缶圧が上った。

午後1時頃になるとマスコミ各社が帰って行ったので出区点検を行い、地元向け見学会の準備を始めた。午後2時、機関車を運転移動させSL検修庫の外に出すと、大勢の地域住民の人たちが207号機を迎えてくれた。今日は火入れ式と、南栗橋車両管区周辺住民を対象にした、SLのお披露目会である。大勢の地域住民の人たちが次から次と見学に訪れ、同機の周辺は人で賑わい、SL復活運転への期待感が伝わってきた。

11月29日、列車名称発表会のリハーサルが行われた。本番と同じように、機関車を試運転線に出して車掌車を連結して走行したり、機関車のみで走行したりしながら機関車の状態、担当者の作業手順を確認した。私は機関士席の後に立って添乗指導したが、なるべく口は出さないようにして、これから始まる習熟訓練の課題を見つけようとした。すると、いろいろな課題が見つかった。車掌車に連結してもブレーキ試験を行わなかったり、各機器の取り扱いの際の安全確認の声をかけなかったり、出区点検でブレーキ機能試験をやらなかったり、基本中の基本が抜けているではないか。長い訓練を経てSLの運転操縦免許を取得した機関士たちなのに、安全運転を優先にするという心構えができあがっていないと感じた。私は運転技術の習熟訓練の前に、改めて基本をしっかりと教え込んでいく決意をした。

12月1日、「SL列車名称発表会」の本番が催行され「SL大樹」との愛称が発表された。会場内では書道家で日光観光大使を務めている涼風花さんによる書道パフォーマンスが行われ、巨大な半紙には「大樹」と大きく書かれ、この愛称を強く印象づけた。「SL大樹」は、日光東照宮から連想される江戸時代の将軍たちの力強さと、自立式電波塔として世界一の高さを誇る「東京スカイツリー」（東武鉄道の経営）を「大きな樹木」に準えて命名されたという。

ヘッドマークのデザインは、徳川家の家紋である「三つ葉葵」を基に、葵の紋をC11形と同様に三つの「動輪」で表現し、「大樹」のレタリングを重ねたものである。「葵」は「つながっていく」ことを意味する文様とも言われており、三つの動輪には、日光・鬼怒川温泉・下今市の三つのエリアが互いに連動し、地域の回遊性が向上してほしいという思いが込められているとのことだ。また、ヘッドマークの「大樹」の文字も前述した涼風花さんの書を基にデザインされたものだ。

ＳＬ列車名称発表会のあと、マスコミ各社に対する報道公開が行われ、撮影のために単機運転、車掌車を連結した編成走行が順次実施された。マスコミには運転室も公開された。記者たちからは機関士に対して機器扱いなど細かい質問が相次いだ。撮影が一段落すると、今度は試運転線での試乗会が行われ、車掌車を用いたマスコミ関係者向けの体験乗車会が実施された。まだ不慣れな機関士たちは、汗を流しながら試運転線を何往復も運転したが、どこを向いてもマスコミのカメラがあり、気を抜く暇はなかった。

実は、この試乗会では大きな失敗があった。

リハーサル時の課題は、朝のミーティングで機関士と機関助士にしっかり伝えたが、彼らは重要なチェックを見落としていた。名称発表会が終了してからだが、私が機関士に「出区点検は？」と聞くと、機関士席から「やりました。異状なしです」と言う返事があり、それならと運転室に乗車した。ＳＬ庫の外では、担当者が緑旗を振って誘導していた。機関士が「外に出します」と言い、汽笛を鳴らし加減弁に手をやったのでゲージを見てビックリした。「元ダメ圧力０キロ、ブレーキ菅圧力０キロ」であった。私は大声で「何やっているんだ」と怒鳴った。機関士はビックリして私の顔を見た。私は指でゲージを指さし、「ゲージを見てみろ、０だぞ。出区点検で圧縮機のバルブを開けてブレーキ試験をやったのか」と怒鳴り、圧縮機のバルブを点検するとバルブは開いていなかった。圧縮機の止めバルブを開けないで、機関車を起動させようとしたのである。

私は鳥肌がたった。圧縮機の止めバルブを開けないで機関車を起動させることは、元空気ダメ0キロ、ブレーキ菅圧力0キロで、全くブレーキが作動しない状態で機関車を動かすことである。機関車を止める手段がない状態で、機関車を動かそうとしていたのだ。重大事故につながる大失敗を仕出かすところだった。

出区点検をやったつもりであっても、基本どおりにやっていないのである。基本どおりであればブレーキ機能試験をやるので、圧縮機が作動していなければすぐ分かるはずなのに、肝心のブレーキ機能試験を忘れているのである。朝のミィーティングで話したことが、活かされていない。私は愕然となった。

イベントの時は大勢の人が集まり、雰囲気的に押されて舞い上がってしまいがちなので特に注意をしなければならない。「やったつもりがやってない」、「見ているつもりが見ていない」という現象がよく起きるのだ。私もイベント列車で何度か怖い体験をしたことがある。

東北本線でのイベント列車の機関士として始発駅で花束をもらい、機関士席に座り発車を待っている時のことだった。ブラスバンドの演奏に合わせて駅長と市長がくす玉をわり、機関士席に向かって大きな声で「発車」と言って右手を上げげた。私も「発車」と応答したが、出発信号機は赤信号であった。

もう一つは私がイベント列車に添乗して、始発駅を発車した時の出来事である。機関士が駅長の出発合図と出発信号機の進行信号を確認し、ブラスバンド演奏に送り出されながら汽笛を吹鳴し列車を起動させた。すると、突然非常ブレーキが作動したのだ。何だろうと思って機関車から降りて点検すると、機関車と客車が分離していた。機関車と客車の連結器がしっかり連結されていなかったので、機関車が起動したのでブレーキ菅が伸びて外れてしまい、非常ブレーキが作動したのである。機関士は、操車係の合図で機関車に連結し「連結完了」の通告をもらい、ブレーキ試験を行い異状がなかったのになぜこういう事態になるのか。それは、操車係が客車に機関車を連結した際に、連結状態をしっかり確認していなかったからである。連結状態を確認したつもり作業の結果であり、イベントの怖さである。

「ＳＬ大樹」の名称発表会のイベントで、同じようなミスは絶対に許されない。冷静に物事を見て判断し、行動をしていかなければとんでもないことが起きる。私は現状をよく認識し、これから始まる運転技術の習熟訓練に対し、周囲から何と言われようが厳しく対応することを改めて決意した。12月7日にはＳＬに車掌車を連結して、試運転線でブレーキ性能試験を実施した。ここでもＳＬ列車名称発表会のリハーサル時の機器扱いと、本番での出区点検ミスについて、問題点と課題を機関士、機関助士に提起し注意を促した。さぞ、口うるさい奴だと思われていたのだろう。

運転技術の習熟訓練

12月25日から、営業運転に向けての、運転技術の習熟訓練を兼ねた「試乗会ツアー」(一般から乗客を募った)が始まった。私は朝のミィーティングが終了すると、習熟訓練中だった東武鉄道の機関士と一緒に行動し、出区点検から細かくチェックしながら指導した。訓練線でのツアーが始まると、機関助士の焚火方法や缶圧、缶水の保持方法について改善を求めた。この機関助士は短い区間を運転する時の缶圧の保持や焚火方法、缶水の補給時機などを全く理解していなかった。力行運転中に缶水を補給したり、一生懸命焚火作業をしたりするのである。

「初めてのことだから仕方ない」とは言っていられない。営業運転開始日も決まっている。機関士の運転操縦技術の向上ばかりでなく、機関助士の焚火方法や缶水の補給時機など、細かく指導していかないと本線に出て機関助士は務まらない。試乗会ツアーは本線運転よりも簡単なように思われるかもしれない。だが、短い区間を行ったり来たりしながら乗客が乗降するので、それに合わせた焚火作業や缶圧、缶水の保持に努めなければならない。今後は助士への指導も徹底させなければならないと思いながらの、かなり神経を使った訓練運転となった。

年が明けて平成29年（２０１７）１月になると、秩父鉄道に派遣されていた２人がＳＬ運転操縦免許を取得して東武鉄道に帰ってきた。私たちは機関車に客車を連結して、本格的な習熟訓練運転を実施した。習熟訓練運転中に試乗会ツアーや、ＰＲ写真撮影などのイベントも入ってきたが、機関士、機関助士が協力し合いながら打ち合わせを重ねた結果、安全運転に心掛けられるようになり、ようやく習熟訓練運転の成果が出てきた。

あるとき、大井川鐵道で免許を取得した２人と、秩父鉄道で免許を取得した２人の間で、機器の取り扱いが異なっていることに彼ら自身が気付き、私に相談してきた。前にも述べたが、力行運転から惰行に移る時の機器扱いの順序である。力行運転から惰行運転に移る時は、牽引力の変化をできるだけ小さくして衝動を防止し、惰行によって起こるシリンダー内の空気抵抗を減少させるため、加減弁、逆転機、バイパス弁などの取り扱い順序が決められているのである。大井川鐵道で学んできた２人は、力行運転から惰行運転に移る時は、①逆転機を中央近くに引き上げる、②加減弁を徐々に閉じながら逆転機を進行方向極端にとる、③バイパス弁を開放、④シリンダードレン弁を開放する。この操作方法に対して秩父鉄道で学んできた２人は、①は同じだが、②加減弁を閉じる、③バイパス弁を開放する、④逆転機を進行方向極端にとる、⑤シリンダードレン弁を開放する、という操作手順をとっていた。

上り勾配の途中に停車駅があり、列車を停止させる場合は、大井川鐵道の機器扱い順序でもよいのだが、少し危険が伴う扱いである。鬼怒川線では力行運転から惰行に移ってすぐに停車する駅もないし、安全運行が絶対の条件であるＳＬの運転には、旧国鉄時代からの機器扱いの順番を踏襲している秩父鉄道のやり方に統一することにした。こうした問題は、昼休み時間などを利用してミーティングを重ね、「東武鉄道方式」を模索していった。機関助士も短区間での焚火作業のタイミングや缶圧、缶水の保持方法など、機関助士作業の基本を少しずつマスターし、それぞれの訓練時間内には本線に出ても大丈夫な機関助士に仕上がっていった。

南栗橋車両管区構内での習熟訓練運転は、１人10日間ずつ行い４月下旬までかかったが、運転技術の向上に充分な成果を上げることができた。習熟訓練運転が終わると、大井川鐵道と秩父鉄道の運転取扱マニュアルや手順書、学科講習資料を見せてもらいながら、東武鉄道独自のマニュアル作りに取り組んだ。幸い秩父鉄道でＳＬ運転操縦免許を取得してきた１人は、本社の運輸部指導課の主任であったので、本社で打ち合わせを行いながら出区点検順序や作業要領、機器の取扱手順など細かい部分まで決めていくことができた。

南栗橋構内での習熟訓練運転は、あまり大変だとは思わなかった。だが、鬼怒川線での訓練運転が始まると下今市機関区に出勤となった。これは慣れるまで大変であった。ここで、下今市機関区に勤務していた頃の私の生活に少し触れておこう。

自宅のある磯部（安中市）を午前８時30分に出て、信越本線の安中駅から高崎駅に出て両毛線で栃木駅まで行き、栃木から東武鉄道で下今市駅まで行く。すると到着する頃には昼になっている。訓練列車は下今市駅から鬼怒川温泉駅まで1日3往復（1～2列車、3～4列車、5～6列車）の運行だ。午後12時50分に下今市駅を発車する3列車の出区点検の指導から勤務に入り、6列車（3往復目の復路）が18時11分に下今市駅に到着し、入換作業をして入区するまで添乗指導すると勤務終了が19時頃となってしまう。

当初は今市市内のビジネスホテルや、鬼怒川温泉のホテルに宿泊して添乗指導をしていたが、ホテルに宿泊すると朝早く下今市に出勤することができない。すると1列車は添乗指導だけになってしまい、乗務機関車の出区点検作業や機関助士が行う火床整理作業の指導ができないのだ。そこで、東武鉄道は下今市機関区の近くにあるアパートを借りてくれた。それからは勤務が終了すると、下今市機関区近くのアパートに1泊できるようになった。

宿泊した翌日は、下今市駅発9時2分の1列車に乗務する機関士、機関助士と同じ時間に出勤し、出区点検からはじめ4列車まで添乗し、4列車が下今市駅に14時49分に到着するとようやく勤務終了となる。下今市駅発15時45分の電車に乗り栃木駅から両毛線、信越本線に乗り継いで帰宅すると19時を少し過ぎた頃になった。6列車の添乗指導が終了し、下今市のアパートに宿泊する時は、下今市機関区の運転科長と「たきた」という食堂に行き、夕食をとりながらその日一日の出来事や機関車の状態、あるべき指導方法などについて、いろいろと意見交換をして次の添乗に備えた。

秩父鉄道に出向し、「ＳＬパレオ号」を運転していた頃も、先輩機関士と夕食をとりながら意見交換をして勉強した。東武鉄道でも、運転科長と夕食をとりながら勉強していると、自分で解からなかった部分も理解できるようになり、添乗指導にも活かすことができた。機関士や機関助士の技術、知識が向上していくのが実感できると、通勤の苦労など忘れてしまった。

ここで突然、話が逸れて恐縮だが、本書の内容をより深く理解するには必要と思われるので、２０７号機と東武鉄道のＳＬ運行全盛期時代について触れておきたい。

２０７号機は、昭和16年（１９４１）12月26日に日立製作所笠戸工場で製造された。現役中は北海道で活躍していた機関車で、昭和49年（１９７４）に廃車となり、北海道日高郡静内町（現・新ひだぬか町）に静態保存されていた。平成12年（２０００）から、ＪＲ北海道が動態保存機として運用を開始し、「ＳＬニセコ号」を中心に「ＳＬ冬の湿原号」「ＳＬ函館大沼号」などの牽引機として活躍、鉄道ファンの間では〝カニ目〟と呼ばれて親しまれている蒸気機関車であった。長らく国鉄とＪＲ北海道で活躍してきた蒸気機関車が、遠く離れた東武鉄道鬼怒川線で復活運転したのだ。関係者の英断には瞠目するほかない。

東武鉄道での蒸気機関車の歴史も古い。明治32年（１８９９）の第一期区間の開業に備え、イギリスのベイヤー・ピーコック社製の２Ｂテンダー機関車を12両導入したことが嚆矢となる。

その後、蒸気機関車は貨物輸送を中心に各線区で活躍した。ピーク時の昭和2〜22年にかけては実に60両が在籍しており、その車両数と種類の多さから東武鉄道は関東の大手私鉄でありながら、「蒸機大国」と呼ばれていた。

鬼怒川線やその支線でも蒸気機関車は多数運用されており、新高徳駅と旧国鉄東北本線の矢板駅を結ぶ東武矢板線でも昭和34年（1959）まで運転されていた。東武鉄道のSL終焉の地となったのは佐野線で、昭和41年（1966）6月まで運転されていた。

国鉄が製造・開発したC11形だが、東武鉄道も昭和20年（1945）に奥多摩電気鉄道が発注したC11形を譲り受けて、自社のC11形2号機として編入。主に館林機関区を中心に、同38年までの18年間にわたり運用した。このほかにも、東武鉄道では戦後の輸送量増加に対応するため、国鉄から借り入れたC11形を東武東上線で運用した実績もある。C11形はもともと東武鉄道の縁の深い形式だったのだ。大手私鉄では西武鉄道山口線の蒸気機関車が廃止された昭和52年（1977）以降、SL運転は実施されていなかったが、東武鉄道が現在の電化路線にC11形の動態保存運転（復活運転）を実施したことは、関係者や鉄道ファンを大いに驚かせた。

順調に歩んだSL復活運転計画

次にJR北海道のシンボル的存在だった、C11形207号機を迎え入れるまでの東武鉄道の体制づくりや、機関車や車両調達に奔走苦労した東武社員の情熱などについて記してみたい。

東武鉄道のSL復活運転プロジェクトチームが発足したのは、平成27年（2015）のこと。関係者各位の情熱と努力により復活計画は一歩一歩着実に進んでいった。とはいえ、機関士などの養成教育については、SL運行の実績がある他社に委ねるしか方法がなかった。東武鉄道では、SL機関士の運転免許を取得するため、既にSLの運行をしていた秩父鉄道に2人、大井川鐵道に2人、真岡鐵道に1人を派遣して教育訓練を依頼したのは前述の通りである。その後、秩父鉄道と大井川鐵道に派遣されていた4人がSL運転操縦技能試験に合格した。真岡鐵道に派遣された1人は、少し遅れての合格となった。JR北海道と真岡鐵道に教育訓練をお願いした機関助士も、「SL大樹」の営業運転開始前に帰って来た。検修員の教育訓練も、JR北海道に依頼したのだった。

207号機は東武鉄道への貸し出しが決まると、JR北海道の苗補工場で全般検査が実施された。その後、再度分解され苫小牧港からフェリーに積載、茨城県大洗港に上陸すると陸路で南栗橋車両管区へと運ばれた。平成28年（2016）8月19日早朝、東武鉄道南栗橋車両管区に到着した２０７号機は、クレーン車によって、トレーラーから降ろされた車輪部分と本体をレール上で組み合わせ、ＳＬ検修庫の中に収納された。

客車は昭和47年（１９７２）製造の14系（座席車）４両と、同43年に製造された12系２両で、東武鉄道の担当者が何度もＪＲ四国旅客鉄道会社に足を運び、交渉を重ねて譲り受けた車両である。６両がＪＲ四国から譲渡されたが、スハフ14－１、オハ14－１、オハフ15－１の３両は同形式におけるトップナンバー車両で、鉄道産業文化遺産としても大変貴重な車両だ。ちなみに、スハフの「ス」やオハフの「オ」は車両の重量を表す記号、「ハ」は車両の用途が普通車であることを示す記号、「フ」は緩急車（車掌室を有し手ブレーキ、または非常用の車掌弁がある車両）であることを示す記号だ。さらに、車掌車（２０７号機には東武鉄道独自の保安装置を搭載するスペースがなかったため、本来の目的とは異なる保安装置の搭載のために投入された）はＪＲ貨物とＪＲ西日本、客車はＪＲ四国、ディーゼル機関車はＪＲ東日本から譲り受けたものだ。

ＪＲ西日本旅客鉄道会社から譲渡された転車台も大変貴重なもので、山口県長門市駅の昭和33年（１９５８）製のものが下今市駅に移設された。また、広島県三次駅にあった転車台は昭和18年（１９４３）製で、こちらは鬼怒川温泉駅に移設された。２台の転車台は、いずれもＳＬ全盛時代に旧国鉄で使用されていたもので、東武鉄道が修理をして復活させたのである。

こうした貴重な車両が調達できたのも、東武鉄道のＳＬ復活プロジェクトチームの弛まぬ努力と情熱の賜物だ。加えて「鉄道産業文化遺産を大切に保存しながら活用しよう」という、同社の事業目標が明確であったこともプロジェクトの円滑な遂行に大きく寄与している。そして、鉄道事業者の鉄道文化遺産の保存に対する協力体制が構築できたことも、東武鉄道の熱意が結実したとも言える。私自身も一連の動きを見ながら、ヨーロッパのような鉄道車両保存文化が日本でもようやく浸透してきたことを実感した。

　当時の私は東武鉄道との労働契約が1年ごとに更新されていたが、試運転が開始された頃には契約期間を限定されることがなくなり、機関士などの指導に専念できるようになっていた。機関助士の自社養成の体制も整い、1月下旬～3月上旬までの間に、学科講習（講習期間は7日間）や模型投炭訓練など基本的訓練を下今市機関区で行った。その後、乗務訓練（焚火訓練）を実施して2人を仕上げ、4～6月までの間にさらに2人を仕上げ、自社養成の機関助士が4人となった。機関助士の自社養成に伴う学科講習の資料作りや、模型投炭訓練、乗務訓練は東武鉄道の助役、機関士、機関助士が積極的に担当し、私は学科講習の資料や焚火作業、火床整理のアドバイスに徹した。機関助士の運用にも少し余裕ができた。

　5月14日の早朝からは、鬼怒川線の下今市駅～鬼怒川温泉駅間でＳＬ列車の試運転が始まった。ほんの一歩であるが、ようやくここまで漕ぎつけたのである。14日の早朝は「ＳＬ有火走行試験」、15日は「ＳＬ力行性能試験」、16日は「ＳＬブレーキ試験」が行われたが、これといった問題点も発生しなかった。しかし本線でのＳＬ運転は、列車の最後部にＤＬ（ディーゼル機関車）を連結して、後ろからも押してもらうという「協調運転」である。ＤＬの機関士と連絡を取りながら、どのくらいの力（何ノッチ）で押してもらうのがよいのか、ＤＬ担当助役と話し合いをもちながら進めて行った。

５月28日の早朝に異常時訓練を行い、６月５日より本線での本格的な習熟訓練を開始した。まず、管理者の機関士免許取得者である下今市機関区の運転科長（秩父鉄道で免許を取得した機関士）と、下今市機関区の助役（大井川鐵道で取得した機関士）の２人から始めた。

１人が機関士のとき、もう１人が機関助士を担当して訓練を重ねることとして、まず２人を完全に仕上げることにした。管理者の２人を完全に仕上げておけば、私が不在の時でも管理者の機関士が、次の習熟訓練の機関士と機関助士を指導し、習熟訓練を重ねることができる。これにより、訓練期間も短縮できるし習熟度も増していくと考えたからである。

だが思うようにことは運ばず、次々と問題点が発生した。まず、ＳＬとＤＬとの協調運転がなかなかうまくいかなかった。後ろから押す力が強すぎると、運転速度が上がり運転時分が早くなってしまう。弱いと速度が下がるので機関士が加減弁を開け増すと、今度は機関助士が蒸気に追われてしまうのである。私はＤＬにも乗って区間ごとに細かく分け、「ここは何ノッチで押してもらいたい」とＤＬにお願いしながら調整していった。この作業にはかなりの時間を要した。

7月に入ると試乗会が開始され、訓練列車（客車）に乗客を乗せて運転する日が多くなった。乗客を載せた分だけ空車の時より列車は重くなり、機関車の牽引力が増し、焚火に追われる機関助士が出てきた。そんな時にはDLの機関士に協力を求めて、機関助士の腕が上達するまでという条件で通常より1〜2ノッチ上げて押してもらうようお願いした。

機関士もブレーキ扱いに苦慮し、階段ユルメで停止位置にうまく止められない。上り勾配での機器扱い、加減弁を開け増しするタイミングや逆転機を1枚ずつのばしていくタイミングが悪く、速度を落とし過ぎたり、速度が高すぎたり、客車に衝動を与えたり、となかなかうまくならない。私は、自分が機関士見習いの時を思い出しながら我慢強く、ブレーキ扱いのタイミングや加減弁、逆転機の取り扱い方を何度も繰り返し教えていった。それでも、階段ユルメのブレーキ扱いはなかなか上達しなかった。

既に運転開始日は、8月10日と発表されていた。機関車を南栗橋で組み立ててから、1年近くが経っていた。これまで問題点が続発したが、経験のない人たちによる蒸気機関車の運転なので仕方ないと割り切ることにしていた。とはいえ、「この指導方法で本当にいいのか」と自問自答を繰り返すことが多くなっていった。自分を問い詰めることもあったが、泣きごとは胸にしまい込み、開業予定日に向かって必死で習熟訓練に取り組んだ。

「SL大樹」の営業運転開始

平成29年（２０１７）８月10日、ついに「ＳＬ大樹」の営業運転が開始された。東武鉄道が平成27年（２０１５）８月に「ＳＬ復活運転計画」を発表してから２年、東武鉄道からＳＬが消えてから50年。ついに東武鉄道はＳＬ復活運転の実現にこぎつけたのだ。

「ＳＬ大樹」の出発式典は、今市機関区の転車台の前で行われた。式典には国土交通大臣、復興大臣、栃木県知事など多くの来賓が出席し、その門出と前途を祝った。私は機関士とは別に、機関車の下回り点検やブレーキ試験を行い、機関車に異常がないか念入りにチェックし、「今日一日何事もなく無事に運行できるように」と願った。式典でテープカットが行われた後、「ＳＬ大樹」は出区した。

開業記念祝賀列車の運転は、秩父鉄道でＳＬ運転操縦免許を取得した機関士が担当した。機関助士は２人乗務し、１人は焚火作業を担当、もう１人は機関助士席に座り助士側の安全確認・信号確認作業を担当した。私は機関士席の後ろに立って、３人の添乗指導を行った。Ｃ11形２０７号機が牽引する「ＳＬ大樹」は入換合図によって静かに起動していき、留置してある客車を連結した。ブレーキ試験終了後、ＤＬ機関車で上り方に引き上げられ、入換信号機の進行現示によって、下今市駅のホームに12時３分に据え付けとなった。

式典に出席された来賓の皆さんが乗車し、下今市駅長、日光市長、書道家の涼風花さんの3人によってくす玉が割られ、12時22分、下今市駅長の出発指示合図で大きな汽笛を鳴らし、開業記念祝賀列車は静かに下今市駅を発車した。機関士は列車の安全確認のため、後ろを振り向いた。私は、客車に衝動もなく静かに発車できたことに対し、笑みを浮かべながら機関士に会釈した。機関士もそれに応えてにっこりとうなずいた。たったこれだけのことだが、私と共に苦労した機関士との気持ちは通じ合った。

下今市駅を発車すると進行方向左側の空き地で、多くの幼稚園児が「いってらっしゃい」と可愛い声援で見送ってくれた。私たちも手を振って声援に応えたいが、前途の安全運転を考えるとなかなか手を振って応えるわけにはいかない。沿線では多くの人が出てきて列車に手を振り、横断幕を掲げて「SL大樹」の運行開始を祝ってくれた。焚火作業を担当している機関助士は、片手にスコップを持ちながら、沿線で手を振ってくれている人たちに笑顔で応えている。助士席に座り、前途を注視している機関助士の目からは大粒の涙が溢れていた。

思えばこの1年間というもの、私も口やかましく厳しい指導を繰り返し、時には旅客の安全を守るため、また自分自身の安全を守るために強く叱りつけたこともあった。感激して涙をこぼした仲間も含め、全員が懸命な努力を積み重ね、ついにこの日を迎えたのである。辛い思いばかりが蘇る中で、私は心の中で彼らに「おめでとう」と叫んだ。

順調な運転が続き、鬼怒川温泉駅に近づくと、機関士はSL復活運転の汽笛を吹鳴した。実にいい音色であった。駅に到着すると、旅館の女将さんたちが着物姿で整列して出迎えてくれた。列車は停止位置に衝動もなくピタリと止った。私は「よし、うまい」と言い、機関士の肩をポンと叩いた。機関士は振り返り、私の顔を見てほほ笑んだ。機関助士は互いに肩を叩きながら、「よかった、よかった」と苦労をねぎらいあっていた。私は機関士と2人の機関助士と握手をしながら、「ご苦労さん、ご苦労さん」と言葉をかけ慰労した。彼らもほほ笑みながら手を握り返し、その手には感激の力がこもっていた。急に涙があふれてしまったが、隠すのに困った。

多くの人たちが感動する中、開業記念祝賀列車、「SL大樹」は無事に鬼怒川温泉駅に到着したのである。だが私にはこの感動の中でも、心配事が一つあった。鬼怒川線は思っていたより曲線がきつく、制限速度が時速25キロのところでも時速15キロ以下に抑えて運転しないと機関車がギシギシと軋み、動輪のフランジ摩耗が激しい。また、鬼怒川温泉駅の構内から転車台に行く線路も曲線がきつい。フランジが変摩耗すれば、脱線の心配が出て来る。

私は、フランジ塗油器を動輪に取り付けるよう会社に何度も上申したが、車両部は「上り勾配で曲線のきつい線路に、フランジ塗油器の油が付着して電車が空転すれば困る」とか、「JR北海道から借りている機関車なので、勝手にフランジ塗油器を取り付けるわけにいかない」

などの理由を挙げ、なかなか聞き入れてもらえなかった。私は徳川家康の「鳴くまで待とうほととぎす」の心境で、我慢強く取り付けを待った。

機関士には、曲線通過の速度を極力抑えて運転するよう、乗務のたびに指導した。SL機関士免許取得者の運転科長にも、「定時運転も大切であるが、曲線での速度低下を優先するように」と進言した。SL列車の遅れに対する苦情も耳にしたが、回復運転ができる区域は速度を上げて運転し定時運転の確保に向けた努力はしていた。機関助士には苦労をかけたが、機関車の動輪保守には万全を期すよう訴え続けた。営業列車の運転を重ねていくうちに、機関士の運転操縦技術も向上してきたので、曲線の前後で通常より速度を上げて運転し、区間運転時分を詰めておき、曲線ではできるだけ速度を落として運転する方法に変え、定時運転の確保に努めた。

そんな取り組みを実施していると、運転科長から自宅へ「フランジ塗油器を取り付けられることになりました」との電話をもらった。私は、「ようやく理解してくれたか」と安堵した。

運転開始から半年が過ぎ、動輪にフランジ塗油器、先輪に塗油装置が取り付けられた。機関車の軋みは少しずつ和らいで来たが、大雨が降ったり長雨が続いたりすると、線路が洗われた状態となり機関車がギシギシと軋んだ。動輪の軋みが原因、と思われる機関車故障も何件か発生した。この現状を機関士に理解してもらいたくて、乗務のたびに出区点検時に動輪の摩耗状態や、フランジ塗油器の塗油状態を指で触って確認するよう指導したが、なかなか指で触って確認してもらえなかった。

安全運行につながる、細かい部分をしっかりと教えていかないと、東武鉄道独自の自社養成はなかなか実現できない。指導操縦者になる人はもう少し現状を良く認識し、勉強をしていかなければならないのだと思った。私は課長にSL乗務員のブラシアップ、つまりもう一度勉強をやり直して知識、技能を向上させる研修を提案した。

ブラシアップ研修

平成31年（2019）、「SL大樹」が営業運転を開始してから約2年がたった。機関士も機関助士もSLの乗務に慣れ、運転操縦技術や焚火技術も随分向上した。しかし、営業開始当時に感じていたであろう、SLに対する情熱が薄らいできたように見えた。そのためSLに対する知識、技能の向上に向かって行く姿も薄らいでしまった。初めのやる気満まんの姿が、どこかに消えてしまったのである。慣れがもたらした、甘い考え方や態度が芽吹いてきたのだ。

私は彼らが初心を忘れないよう、もう一度勉強をやり直して東武鉄道で自社養成ができるように、また「東武流」と言える独自のSL運転取扱方式が確立できるようにと強く願った。そこで私は「勤務の合間を見て自分が講師となるから、機関士には5日間くらい乗務からおろして、もう一度勉強をやり直し、一段階レベルアップさせてはどうか」、と下今市機関区の運転科長や本社の担当課長に申し入れた。2人は快く聞き入れてくれ、「ブラシアップ研修」ができることになった。

私がJRの中央研修センターに勤務していた頃、平成に入って採用された若い社員を大量に電車運転士に養成したことがあった。だが、運転士の免許を取得して1～2年が過ぎると、運転業務に対する慣れからか、運転事故が多発する傾向があった。そして、年月の経過とともに運転士になった頃の新鮮な気持ちも失われていくという傾向が顕著だった。そこで免許取得後1～2年が過ぎた頃、もう一度研修センターに入所させ、慣れた運転業務を見直し、安全とは何か、もう一度勉強をやり直すという研修をしたことがあった。それを「ブラシアップ研修」と称していた。

SL乗務員も、それぞれの委託先や自区で、機関助士は学科講習や焚火訓練を体験し、機関士は国土交通省の国家試験に合格するように学科講習や技能講習を行い、SLの運転操縦免許を取得してきた。訓練運転が終了し、営業運転の回数を重ねてくると、運転操縦技術や焚火技術は向上したが、SLに対する知識、技能の向上が止まってしまっている。私が乗務中にいろいろ質問してみても、なかなか的確な答えが返ってこない。

例えば機関士に対して、「旅客列車にはなぜ階段ユルメが必要か?」と質問してもなかなかよい答えが返ってこない。「減速度を一定とするためには、速度の高いときに大きな減圧を行い、速度が低くなったら小さい減圧量にする必要がある。階段ユルメを行って制動力がほぼ一定になるようにすることによって、旅客列車の衝動を防止することができる」、などと答えてくれないものかと思っているのだが、なかなかその答えに至ってくれない。

この機関士たちも、東武鉄道で自社養成が始まれば「先生」になるのだ。だからこそ、階段ユルメについても、次のようなことを機関士の知識として知っておいてもらいたいのだ。

車輪とブレーキ制輪子との間の摩擦係数は、速度が高いときは小さいが、速度が低くなるにつれて大きくなる。制動力は制輪子圧力と摩擦係数の積で表わされるから、階段ユルメを行わずに制輪子圧力を一定にすると、速度が低くなるにつれて制動力は大きくなる。したがって、速度が低くなると滑走を起こしたり、減速度の変化のため、停止間際に大きな衝動が起きたりする。これを防止するために、また減速度を一定にするために、速度の高い時に大きな減圧（大きなブレーキ）を行い、速度が低くなったら小さい減圧量（小さなブレーキ）にする必要がある。旅客列車は高速運転なので、衝動防止の必要も特に大きいから、階段ユルメを行って制動力がほぼ一定になるようにする。また、階段ユルメを行うことによって、高速度の場合の減圧量を大きくできるから、制動時間を短縮することができるのである。

機関士は乗務のたびに何回となくブレーキ扱いを行い、階段ユルメも行っているのである。

先生になる機関士はこのことをよく認識し、次の機関士となる後継者にこのことを教えてもらいたいと願っている。

同時期には機関助士にも、「焚火の時に伏せショベル投炭法で焚火作業をすると、どんな利点があるか」を問うてみた。だが、機関士同様に的確な答えが返ってこない。伏せショベルとは、投炭に際して、ショベルを石炭掬い口から焚き口に行くまでの間に、ショベルを伏せて火室内に投入する方法で次のような利点がある。

1、石炭を火床上に強くたたきつけるため、強通風の際にも未燃焼のまま煙室に持ち去られることが少ない。

2、室内の石炭散布の状態がよく、散布面積が広いから、石炭が空気に触れる面積が多くなって、燃えつきが早くなる。

3、石炭が煉瓦アーチ（火室内に火炎をう回させるため煉瓦がアーチ状に煙管側に積んである）の上に堆積しないから、煙管を閉塞（詰まること）させない。

4、後板寄り（火室焚き口戸の左右）のような、投入困難な箇所への投炭が容易にできる。

機関助士は、乗務のたびに焚火作業に伏せショベルで投炭しているが、なぜ伏せショベル投炭法がよいのか理解できていない。

機関車の構造ついても同様である。「なぜの部分」「疑問の部分」が理解できていないのだ。

今の免許制度の中では仕方ないのかもしれない。1年の上期と下期に行われる、国土交通省の学科試験に合格することを第一目標に勉強するのであるから、なぜの部分までは勉強する余裕がないのだろう。しかし、実際にSLに乗務するようになると、なぜの部分を理解することが、どうしても必要となってくる。

私が機関士になる時は、東北鉄道学園（仙台）の機関士科に入学して6ヵ月間全寮制で学科講習（新規養成）を行った。それでも勉強が足りず、学科講習が修了して現場に帰ってからも、暇があれば勉強した記憶がある。その位やらないと機関士登用試験に合格できなかった。東武鉄道のSL乗務員は、すでに電車運転士に登用されているので、SL機関士になるのにも「転換教育」を受けるだけでよい。国土交通省が実施する動力車操縦者試験、甲種蒸気車の学科試験も難問がなく、少し勉強をしていれば合格できる。その結果、SLに対する知識不足のままで機関士になってしまう。仮りに知識不足のままで年を重ねただけでベテラン機関士、ベテラン機関助士になってしまえば、しっかりした東武流も確立できないままだろう。だからこそ、ベテランと呼ばれるようになるまでに、それに相応しい勉強をして、知識と技能を身につけなければならない。

SL機関士は、自分自身が自覚して自律的に勉強していかないと、しっかりした指導操縦者にはなれない。この「ブラシアップ研修」は、勉強をやり直すよい機会である。会社が勉強する時間を与えてくれたのである。このチャンスを逃さないでほしいと思った。

私は、東北鉄道学園の機関士科で勉強した資料を全部引っ張り出して、５日間で教えられる事項を抜粋し、教科書を使わずノート中心に板書しながら教えることにした。ノートは、私が機関士科で勉強したことをまとめ、記録しておいたものである。久しぶりにノートを広げて見ると、忘れていたことでもすぐに理解できた。私は研修中、一生懸命板書しては説明し、板書しては説明し、受講者にはきちっとノートに記録させた。もし研修中に理解できない部分があっても、あとでノートを読めば分かるような授業に取り組んだ。特に「なぜの部分」については、詳しく板書して説明した。

一行でも多く板書し説明していると、勤務終了時間を過ぎてしまったことが何度もあったが、機関士も機関助士もこの授業によくついて来てくれた。人にものを教えるのは大変だが、近づく東武鉄道のＳＬ機関士の自社養成に向けて、多少なりとも役に立てればよいと思った。ブラシアップ研修を通して、機関士も機関助士も疑問に思っていることを気楽に質問してくるようになり、知識の向上と意思の疎通が図れるようになったことは嬉しい限りだった。

「ＳＬは生きものだ」と言われるように、日々調子が違う。朝の出区点検や火床整理で機関車の調子を見極め、機関車の調子に合わせた運転操縦や焚火作業が必要である。機関車の調子を見極めるには、それなりの知識と技能が必要となる。特にＣ11形２０７号機は、圧縮機のドレン弁を半開で運転している。逆転弁等もかなり摩耗して、不具合も発生する時期にきている。調子を見極めながらの、特段の注意が必要である。

この研修を礎にして、東武鉄道のSL乗務員の運転操縦方法が「東武流」として揺るぎないものとして確立し、任務が終了し、私が東武鉄道を退社した後にも、SL担当者全員が一丸となり自社養成に向かって進み、発展していくことを強く願った。早く機関士になってもらいたい、機関助士ばかりである。私の役目は彼らを一人前の機関士に育て上げる、基礎づくりをすることである。

機関士の自社養成に向けて

「SL大樹」の運転体制を強化するためにも、東武鉄道がSL機関士を自社養成する体制の構築が急務となっていった。SL機関士の自社養成する際には、最初に養成対象者の選抜を行う。次に対象者を国土交通省が年二回行う国家試験「動力車操縦者試験・甲種蒸気機関車」の学科試験に合格させる必要がある。学科試験に合格しないと、実際に蒸気機関車に乗務して運転し、出区点検や応急処置訓練等を行うといった技能講習訓練が一切できない。

学科試験そのものは誰でも受験できるが、技能講習訓練は鉄道会社で実際に蒸気機関車を運転しながら、出区点検、応急処置、非常の場合の措置等の訓練をして実技を身に付ける講習訓練となるので、蒸気機関車を運行している鉄道会社の社員でないと技能講習を受講できない。したがって、一般の人が動力車操縦者運転免許証（甲種蒸気機関車）を取得することは不可能なのだ。

ここで言う自社養成は、大井川鐵道や秩父鉄道に社員を派遣してSL機関士の養成を委託することではない。自社（東武鉄道）の社員（電車運転士）から蒸気機関車の機関士を希望している者を選抜して会社内で学科講習を行い、国土交通省が実施する学科試験に合格できる知識を教え込み、学科試験を受験させる。合格したら技能講習を自社で行い、国土交通省関東運輸局が行う技能試験を受験し、これに合格させて動力車操縦者運転免許証（蒸気車）を取得させることである。

具体的には、国土交通大臣の指定を受けた、東武鉄道の動力車操縦者養成所で第一類甲種蒸気機関車運転講習課程を開設して学科講習を行う。講習が修了すると、指定養成所の指導のもと、現場で技能講習を行い、指定養成所の主任教師が行う技能試験に合格すると、東武鉄道から「修了証明書」が発行される。この証明書と本人の戸籍抄本、動力車操縦者運転免許申請書を国土交通省の関東運輸局に提出すると、蒸気機関車の運転操縦免許を取得することができる。

東武鉄道が進めている自社養成は、機関士になる前に機関助士を体験させ蒸気機関車の知識、技能を勉強して国土交通省が行う、動力車操縦者試験に合格させてSL免許を取得する方法である。SL機関士を希望している、電車運転士の中から選抜して数日間、機関助士に必要な学科講習を行う。その後、機関車に乗務させ焚火訓練、火床整理、機関士の出区点検の手伝いなどをしながら機関助士としての知識、技能を身につけさせて一人前の機関助士に仕上げていくのだ。

東武鉄道は、国土交通大臣から指定された動力車操縦者養成所、第一類甲種電気車運転講習課程の開講承認を得ているので、社員は指定養成所の主任教師が行う技能試験に合格すれば、甲種電気車（電車運転士）の免許証は取得できる。しかし、東武鉄道は国土交通大臣が認めた、甲種蒸気機関車運転講習課程の新設承認を得ていないので、SL機関士を東武鉄道の指定養成所で養成することができない。そこで国土交通省が実施する、動力車操縦者試験の学科試験と技能試験を受験しなければならない。

東武鉄道からSL機関士を目指して、国土交通省の学科試験を受験する社員は、すでに第一類甲種電気車運転講習によって、動力車操縦者運転免許証（電気車）を取得しているので、「運転法規」の試験は免除されるが、「安全に関する基本的事項・運転理論」と「蒸気機関車の構造及び機能」の試験は受けなければならない。受験するには、十分な勉強期間と教本が必要である。運転科長や助役が中心となって学科講習を行い、先輩機関士がそれを補佐し、SL担当者が一丸となって後輩機関士の養成に取り組んでもらいたいものだ。

また東武鉄道で自社養成するには、SL機関車が単独で牽引する列車で技能講習を実施する必要がある。なぜなら、SL機関士の運転操縦試験（技能試験）は、SL機関車が単独で牽引する列車で行うからである。したがって、運転操縦の技能講習はDL（ディーゼル機関車）との協調運転で訓練をするわけにはいかない。

しかし、東武鉄道ではSL復活運転の認可を国土交通省に申請した時、DLとの協調運転で申請して認可を受けていたので、自社養成をするにはSLの単独運転を追加申請しなければならない。追加申請の認可がおりると、今度は協調運転しているSL機関士に改めて単独運転の訓練をする必要がある。

また、駅間の運転時分の見直しも必要となる。自社養成するための単独運転なのだから、技能講習で運転操縦訓練がやりやすい運転時分の設定が求められる。だが、「SL大樹」の運転区間には、特急電車を始めとする営業列車が多く走る。SLの自社養成のためだからと言って、特別扱いはできないのだ。単独訓練運転では、本社の指導課が添乗して運転時分を計測してデータを取った。私もいろいろな運転方法を機関士に指示して、多くのデータが取れるよう計測に協力した。計測したデータを参考にしながら、運転時分の設定をすれば、運転操縦がやりやすい区間運転時分が設定されるのでないかと期待していた。

単独訓練運転ができるようになった翌日、私と3人の機関士、運転科長、助役とミーティングを行い、ブレーキ扱い、シリンダー圧力、逆転機の位置、速度、運転時分などの改善点を見つけ出し、線路図に書き込んだ。次の単独訓練運転で試行しながら、よりよい単独運転方法を見つけ出し、自社養成の礎となる資料の作成に取り組んだ。

自社養成が開始され、選抜された対象者が国土交通省の学科試験に合格すると、技能講習が開始されることになる（本書執筆後に東武鉄道ではＳＬ機関士の自社育成が開始された）。現在の機関士が指導操縦者となり、機関士見習いに運転操縦技能を教えなければならない。私が一番心配しているのは、１人の機関士見習いに３人の指導操縦者がバラバラで自分勝手なことを教えてしまうことである。また、機関士相互の思いやりも欠けていると感じるが、これも実際に自社養成が開始された際には障壁になることだろう。

下今市駅にＳＬ列車を据え付ける時でも、乗り継ぐ機関士のことを考えれば、停止直前に単弁で機関車のブレーキを少し抜いてやれば、機関車と客車の間にある連結器が伸びた状態で停止する。そうしてやれば乗り継いだ機関士は、発車の際にあまり気を遣わず、出発信号機を注視しながら列車を起動させることができる。列車の安全運転にも結び付く、大切なことなのだがこれができない。こんなことでも、思いやりの気持ちがないとできないのである。何回も教えたが、忘れてしまうのか、実行してくれないのだ。

私は、機関士相互の思いやりの心を大切にしてもらいたかった。技術の向上で客車への衝動は少し改善されたが、お互いの思いやりの心が育たなければ自社養成はうまくいかない。私の方がいらいらしてしまう。東武ワールドスクウェア駅での、上り列車のブレーキ扱いも思うように上達しなかった。いつまでたっても階段ユルメのタイミングが修得できず、停止位置に合わせてピタリと停止することができない。3人の機関士を指導操縦者として、技能講習ができるように厳しく仕上げていかなければ私の役目は終わらない。

自社養成をするには、課題が山積している。現在、下今市駅〜鬼怒川温泉駅間に停車駅は1駅だけである。このままだと、技能試験での運転操縦試験は10区間が必要であるから、下今市〜鬼怒川温泉駅を2往復半しなければ運転操縦試験は成り立たない。そこで、停車駅を上下2駅くらいに増やして対応しなければならない。SLの単独運転と、停車駅を増やしての運転である。

前にも述べたが、特急電車が多く走る運転線区で停車駅を増やし、SLの運転操縦がやりやすい区間運転時分に設定するのは至難の業である。これは運行ダイヤを作成する、担当者にお願いするより方法はない。これらの諸問題をしっかりクリアーして、初めて自社養成が可能となる。他社に機関士の養成依頼をしても話が進まない現状を考えると、自社養成の体制をしっかり整え一歩ずつ進めて行かなければならなかった。

「SL大樹」運転の実態

ここからは、鬼怒川線での「SL大樹」の運転について紹介しよう。

下今市機関区のSL庫を出区して、留置線にある客車に連結すると、DLによって上り方に引き上げられ、今度はSL機関車によって下今市駅のホームに据え付けられる。

大きな汽笛を吹鳴し、下今市駅を定時に発車した「SL大樹」は、排水弁を開いてシリンダーの下から白い蒸気を吐き出しながら逆転機を引き上げ、速度が時速15キロになると惰行運転（絶気運転）に切り替える。右カーブを進んで行くと、大谷川の鉄橋となる。清らかな大谷川の流れをちらっと眺めながら鉄橋を渡ると、大谷向駅となる。

大谷向駅構内はR100の左カーブとなっており、曲線がきついので速度を落として通過すると下り勾配となる。杉林の中ではブレーキを使用したり、緩めたりしながら速度を30〜40キロ位で走行する。しばらくすると左手に日光自動車学校、右手に老人ホームがあり、周囲が少し開けている。下り勾配が続くので、速度調整をしながら進む。左手に「ふくろうの森」があり、トウテンポールのふくろうが並んで立っている。可愛いふくろうたちに癒される。

ふくろうの森を過ぎると、地域の人たちが休耕田を整備して作った「倉ヶ崎お花畑」がある。四季折々の花、つつじ、さつきが植栽されていて、小さな橋や小高い山も築造されている。こ

大桑〜新高徳間。砥川の橋梁を渡り左カーブの上り勾配を驀進する「SL 大樹」

の一帯の光景は乗客を楽しませてくれる。大桑駅に近づくと、速度を落としてゆっくり入駅する。ここでは交換列車があるので、要注意の駅である。大桑駅を通過しても、下り勾配が少し続く。速度を時速15キロ位にして走行、やがて砥川の橋梁が見えて来る。

ここからが、機関助士の腕の見せどころである。力行運転準備のため、焚火作業に汗を流す。砥川の橋梁から、機関士は惰行運転から力行運転に切り変える。橋梁を渡ると、左に曲がるR225の曲線となる。曲線を過ぎると1000分の25の上り勾配となるので加減弁を開け増し、排水弁を開け、白い蒸気をシリンダー下からいっぱい吐き出しながらゆっくり上って行くのである。

上り勾配が終わる場所に、右へ曲がるR139の曲線があるので速度は上げられない。右カーブにさしかかる場所には、SLファンのカメラマンが待ち構え、シャッターチャンスをねらっている。右カーブを過ぎ、上り勾配が終わると鬼怒川の橋梁が見えて来る。機関士は加減弁を絞り、速度を落とし15キロ位で橋梁を渡る。今度はR104の左カーブがある。速度15キロ以下で走行し、新高徳駅の場内信号機の手前で機関士は加減弁を開け増しし、速度を上げて新高徳駅を通過する。

ここが上り勾配と曲線が重複する鬼怒川線の難所の一つで、機関士は機関車のフランジ摩耗防止のため、極限まで速度を落として運転するのである。しかし、新高徳駅では特急電車と交換になるので、「SL大樹」を遅らせるわけにはいかない。ここで機関助士が焚火作業に追われると、鬼怒川温泉駅に到着するまで、缶水の補給と缶圧の保持に汗を流す羽目になる。新高徳駅を通過し、速度を上げながら運転して行くと、左手に獨協大学医学部の医療センターがあり、病院を訪れている人たちが手を振って「SL大樹」を見送ってくれる。汗を流して焚火作業をしている機関助士も、ホッとする瞬間である。

医療センターを過ぎると線路の左側は林が続き、その下には鬼怒川が流れダムとなっている。ダムにはカモが群れをつくって羽根を休めている姿を、林の隙間から時おり見ることができる。国道121号線と並行して走ると、小佐越駅の場内信号機が見えてくる。速度が少し高くなってくるので、機関士は加減弁を少し絞り、速度調整をしながら同駅を通過する。小佐越駅を過ぎてから加減弁を開け増し、速度を上げて東武ワールドスクウェア駅に向かう。

東武ワールドスクウェア駅は、「SL大樹」唯一の途中停車駅である。ここでは客扱いをするので、停止位置にピタリと列車を止めなければならない。機関助士は列車が停止すると、缶水を確認し発車準備に追われる。ここから鬼怒川温泉駅まで、緩やかな上り勾配が続くので、停車中になるべく缶水を補充しておきたい。乗客の乗降が終了すると、すぐ発車となる。機関士はこの駅を発車すると、加減弁を開け増しながら列車を加速させていく。機関助士は最後の焚火作業に汗を流す。鬼怒川温泉の場内信号機少し手前で、機関士は加減弁を絞り速度を時速

25キロ位にして場内信号機を通過し、ポイントで力行運転から惰行運転に切り替える。機関助士は、汗をぬぐいながら缶水を補給する。

鬼怒川温泉駅の停止位置に「SL大樹」が停止すると、機関士と機関助士が互いに「ご苦労さま」と挨拶を交わし、下今市駅から36分間の往路運転が終了する。客車から乗客が降車すると、機関車を切り離して方向転換するが、方向転換する転車台が駅前広場に設置してあるので、客車から降車した乗客が転車台の周囲に集まってくる。機関車を転車台に乗せて方向転換が始まる。すると、見物客がSL乗務員に向かって手を振ってくれる。乗務員も手を振りながら、「SL大樹」を利用してくれた乗客に感謝し、お礼の汽笛を吹鳴する。

「日光江戸村」協力のイベントが実施されることもある。その際には下今市駅から「SL大樹」に、忍者やねずみ小僧などが乗車し、笑いをとりながら乗客を楽しませてくれる。鬼怒川温泉駅に到着すると、今度はねずみ小僧が、転車台で方向転換する車掌車に乗り込み、方向転換中におどけたパフォーマンスを披露する。ホームでも気軽に乗客と一緒に千両箱をかついで写真撮影しながら、時代劇の御用あらための真似をして客との交流を深めてくれるのだ。

帰りは鬼怒川温泉駅を発車すると、江戸村の目明しが十手を片手に「御用だ、御用だ」、と言って列車を追いかけ、乗客を喜ばせた。また鬼怒川を渡る国道121号線の橋上を、馬に乗った江戸町奉行が列車と一緒に走ったり、途中の田んぼの中では忍者が列車を追いかけたりして、多彩なパフォーマンスを繰り広げて乗客を楽しませてくれる。また夏の夕暮れ時には、大桑駅周辺の人たちが走行時間に合わせて花火を打ち上げてくれることもある。乗客もこの打ち上げ花火には、さぞ感動したであろう。私は地域の人たちと共に、協力しながら発展していく「SL大樹」が大好きである。

次に、復路の運転について紹介するが、こちらは要所での運転の様子にとどめておきたい。

鬼怒川温泉駅では、騒音防止のため小さな汽笛を吹鳴、静かに起動し速度10キロで加減弁を閉めて惰行運転に切り替える。上り列車では東武ワールドスクウェア駅の停止位置に合わせて止めることは特に難しく、各機関士のブレーキ扱いの技量が試される駅である。何度も何度も手ほどきをしたが、なかなかうまく止まれなかった。

新高徳駅も場内信号機の信号現示を確認したら、ブレーキを使用して速度を調整し、場内信号機で追加ブレーキを使用し、速度を低下させて入駅していく必要がある。停車であっても、通過であっても速度を低下させて入駅して行かないと、新高徳駅を過ぎるとR104の右カーブが待っている。速度を落として、安全運転に徹する必要がある駅である。

新高徳駅を過ぎると鬼怒川の橋梁があり、左側に並行して国道121号線の橋がある。江戸村が協力してくれるイベントでは、奉行が馬に乗ってSLと一緒に走る場所でもある。鬼怒川の橋梁を渡りきると、今度は下り勾配のR140の左カーブがある。機関士はブレーキを使用しながらゆっくりと下り勾配を下って行き、最後のR225の右カーブを過ぎると砥川の鉄橋となる。機関助士は再力行運転に備え、焚火作業に汗を流す。この時、機関士は鉄橋を渡りきるところで、惰行運転から力行運転に切り替える。機関助士は鬼怒川温泉駅を発車してから、緩やかな下り勾配が続いていたので火室内の燃焼状態を確認する程度で、汗を流す程の焚火作業はなかった。だが、砥川の橋梁から下今市駅までは、機関助士の焚火作業の手腕が試される区間となる。機関助士は缶圧、缶水を確認しながら焚火作業に汗を流す。

大谷向駅のホーム手前で機関士は加減弁を絞り、速度を調整してR139の曲線を速度15キロ位で駅を通過すると大谷川橋梁がある。この橋梁で機関士は加減弁を少し開け増し、次にくるR203の曲線に無理のないような速度調整をしながら、下今市駅に進入して行く。場内信号機を過ぎると、機関士は惰行運転に切り替えるので、機関助士は缶水の補給を開始するのである。機関士は停止位置を見ながらブレーキ扱いを行い、所定の停止位置に列車を停止させ鬼怒川温泉駅から34分間の復路列車の運転は終了する。

以上のように、機関士は上下の勾配、大小のカーブなどさまざまな線路状態を見極めながら運転速度を調節し、慎重なブレーキ扱いや信号確認など、日々細心の注意を払って乗客の安全を図り、自らも安全運転に努めているのである。

未来へつなぐＳＬの動態保存

令和元年（２０１９）12月26日、自社養成準備を兼ねた指導操縦者への学科講習が終了した。この学科講習の中で、ＪＲ時代に私が体験したＳＬ機関士の養成方法や、秩父鉄道で担った自社養成方法や技能試験のやり方、減点方法など、細かく板書しながら教えた。特に鬼怒川線は、速度と時間を合わせるのが難しい線区なので、指導操縦者は見習機関士に対してしっかりと教えてもらいたいとお願いした。

年が明けると、本社での自社養成会議や下今市機関区での添乗指導に追われたが、２月25日に本社で自社養成会議が開かれ、各担当から進捗状況が報告され、何とか自社養成の準備が整ってきたので私はやれやれと思った。

この時点で平成28年（２０１６）１月25日、東武鉄道のＳＬ復活運転計画の責任者からお誘いを受けてから、４年が経過していた。南栗橋でＣ11形２０７号機の試運転が始まったのが、同年の８月23日であった。火入れ式、列車名称発表会、試乗会など数かずのイベントを体験し、平成29年（２０１７）８月10日、鬼怒川線の下今市〜鬼怒川温泉駅間で50年ぶりに「ＳＬ大樹」が復活運行を開始した。最小限の蒸気を使って、最大限の仕事をするには、どのような運転操縦方法でやればよいのか、運転操縦習熟訓練で新米機関士に腕を磨かせた。また機関助士に対しても、最小限の石炭で最大限の蒸気を作るのにはどうしたらよいか、自分で焚火作業をして、焚火のタイミングや方法を教えた。

旧国鉄、秩父鉄道、そして東武鉄道と、鉄道マン人生をSLにささげた集大成が今の自分である。昭和43年（1968）3月1日に機関士になったが、当時は電化の真っただ中で運転する車両は電車かディーゼル機関車であった。高崎第一機関区でもSLからDLへと転換が始まったので、私は電車運転士に転換した。だが、昭和63年（1988）に秩父鉄道の熊谷駅～三峰口駅間で、「SLパレオ号」が復活運転を始めたのを機に、私の人生にも転機が訪れた。

運行実務を担うJR東日本から秩父鉄道に派遣され、ふたたびSLに携わるようになった。JR東日本在職中は電車運転士やSL機関士を養成し、退職するとJR東日本の関連会社に就職し、さらに別の関連会社から秩父鉄道に再出向し、「SLパレオ号」を運転、平成15年（2003）から秩父鉄道のSL機関士の養成に取り組んできた。

私が秩父鉄道で養成したSL機関士の一期生が、東武鉄道のSL機関士の一期生を養成したのは不思議な縁である。古希を過ぎてなお東武鉄道の一期生の指南役をしながら、SL復活運転に携わったことも不思議な感じがする。これらは私がJR東日本に勤務していた時に、社命で「ヨーロッパのSL保存調査」に派遣され、鉄道産業文化遺産の復元と保存の重要性を痛感していたから成し遂げられたことである。

私は東武鉄道が目指した「鉄道産業文化遺産の保存と活用。日光、鬼怒川エリアの活性化。東北復興支援の一助」の大目標に向かって、SL乗務員のレベルアップを求めて指南役の務めを果たしてきた。SLの運行には多くの「匠の技」が必要とされる。点検、修理の技術はもちろんだが、3人1組（東武鉄道の場合は、前途確認のため機関助士が2人乗務）でSLを動かすので、機関士、機関助士の相性も機関車の走行に大きな影響を及ぼす。何より、人と人との関わり合いを大切にしてもらいたいものだ。

SLには機体それぞれ癖がある。同じ条件に設定しても、同じように動いてくれない。しかし扱い方をしっかり覚えてしまえば、機関車を面白いほど自由に動かすことができ、機関車に対する手応えや一体感を感じる。これを感じとれる機関士になってもらいたい、と願うばかりである。

SLが走行する線路は平坦なところが少なく、勾配やきつい曲線があるので大変であるが、SLを走らせるには腕の見せどころとなる。きつい曲線では、速度をしっかり落として安全運行に努めていけば、「SL大樹」は今後もさらに発展していく可能性を秘めている。東武鉄道で扱っている機関車、客車、転車台は鉄道文化遺産として一級品ばかりである。この大切な財産を扱う人材の育成体制も、多くの方がたの協力により整えられつつある。SL機関士の自社養成も間もなく始まる。

SLの動態保存は、文化の保存でもある。その思いを胸に、私はこれまでSLの後継者育成に携わってきたが、東武鉄道においてもその思いが受け継がれ、SL操縦技術が継承されていくよう強く願っている。

令和2年（2020）3月8日、最後の添乗指導が終了し自宅待機しながら、東武鉄道での自社養成の成り行きを見守った。私が指導役を退いたあとの養成は初めての体験で、指導操縦者たちは苦労したようだが、何とか自社養成の一期生2人がSL運転操縦免許を取得した。私は嬉しかった。令和4年（2022）1月27日、2人が運転する機関車に添乗して、操縦技術の見極めをさせてもらったが、思っていたよりしっかり仕上がっていたので安心した。

指導操縦者の苦労をねぎらいながら意見交換すると、3人の指導操縦者で2人を養成したため、統一した指導ができなくて戸惑いがあったようだ。私は、「一期生の体験を活かして、二期生を養成していけば必ずうまくいく」と励ました。

SLの自社養成を二回、三回と継続し、地域の宝である「SL大樹」を大切にしながら、日光、鬼怒川エリアの活性化を目指して頑張ってもらいたい。

これが、東武鉄道を退職した私の願いである。

補記

その後も、東武鉄道の「ＳＬ大樹」の利用率は好調に推移していった。私が東武鉄道を退職した令和２年（２０２０）には真岡鐵道からＣ11形３２５号機を譲受した。真岡鐵道はＳＬ２機体制を構築していたが、メンテナンス費用の捻出などに支障を来したようで、競争入札で東武鉄道が落札したのだった。２０７号機とは異なり、東武鉄道の自社保有機となった。さらに令和３年（２０２１）には元江若《こうじゃく》鉄道（滋賀県大津市）のＣ11形が導入され１２３号機として運転を開始。現在では「ＳＬ大樹」の牽引機は３機体制となっている。東武日光駅〜鬼怒川温泉駅間には「ＳＬ大樹ふたら」、ＤＬ（ＤＥ10形）のみで客車を牽引する「ＤＬ大樹」も運転されるようになり、日光・鬼怒川路の観光の目玉となった感がある。

今後も東武鉄道のＳＬ動態保存運転が、一層発展することを切に願ってやまない。

資料編

『蒸気機関車の教本』

（発行年・発行者不明）

本資料は国鉄からJRに移行するとき、SL運転免許のため梅小路機関区と小郡機関区で行われた運転実習で使用された。

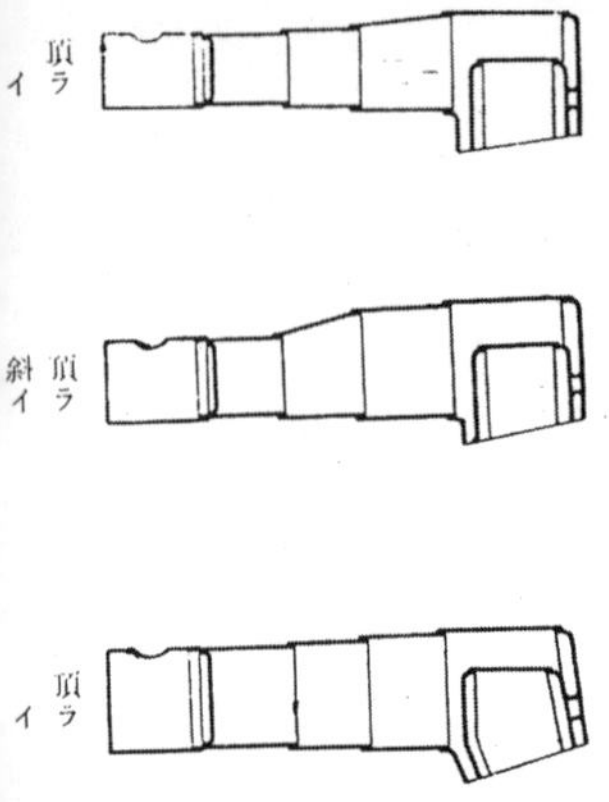

(2) ボイラの形状からみた称呼

ボイラー

機関車ボイラーは石炭を燃焼させ、その熱ガスを水に伝え、高圧の蒸気を作る器である。機関車台枠の上に取り付けられている。ボイラーは胴の形状によって、直頂ボイラー、斜頂ボイラー、延斜頂ボイラーなどと名付けられている

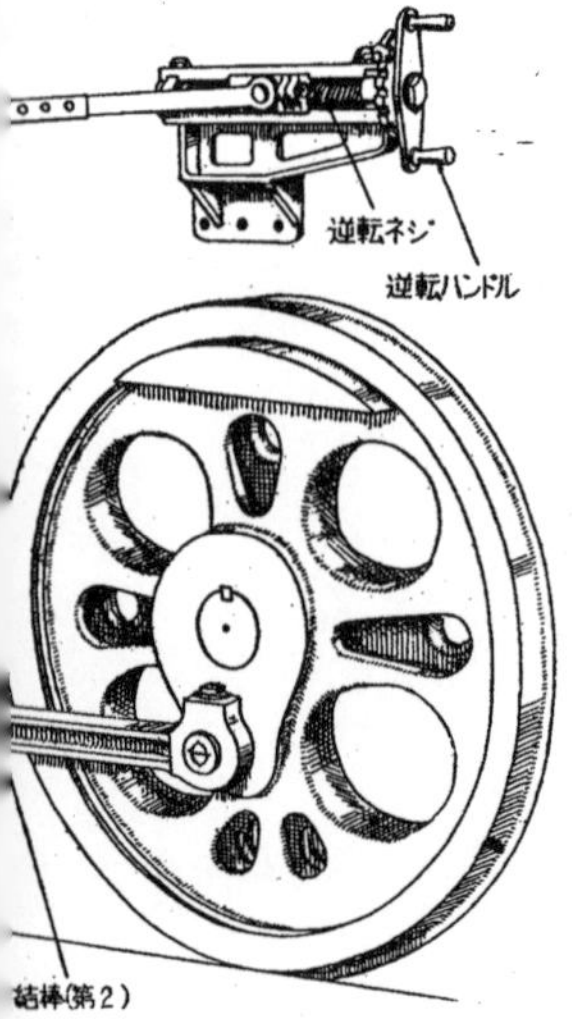

走り装置

機関士が運転ハンドルを、前進または後進にして、加減便を開けると、ボイラーの蒸気は蒸気室に導かれ、それを弁の運動によってシリンダーへ給排する。図の「ワルシャート弁装置」は日本で使用されていたほぼすべての蒸気関車で採用された

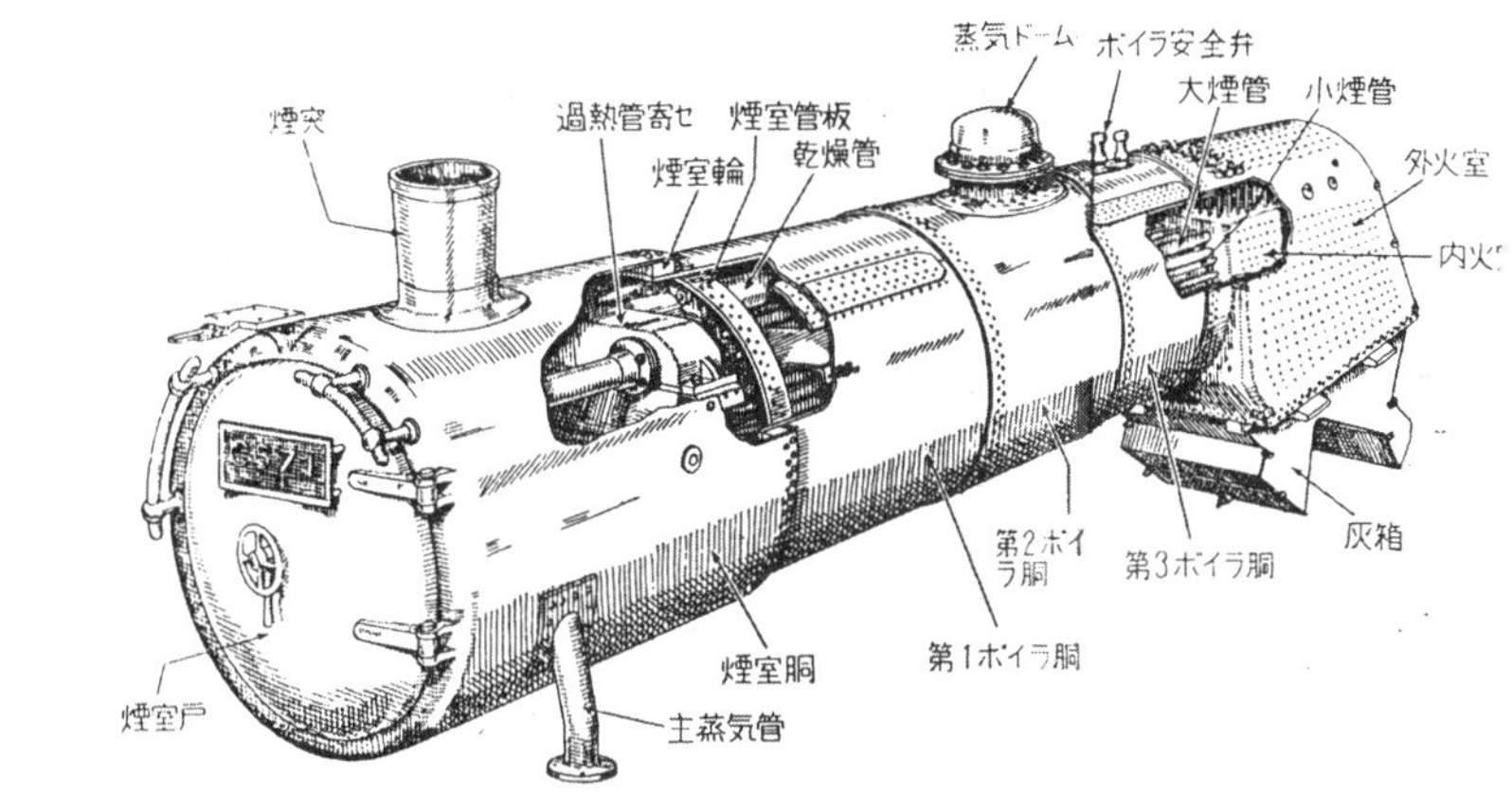

(1) ボ イ ラ 全 体

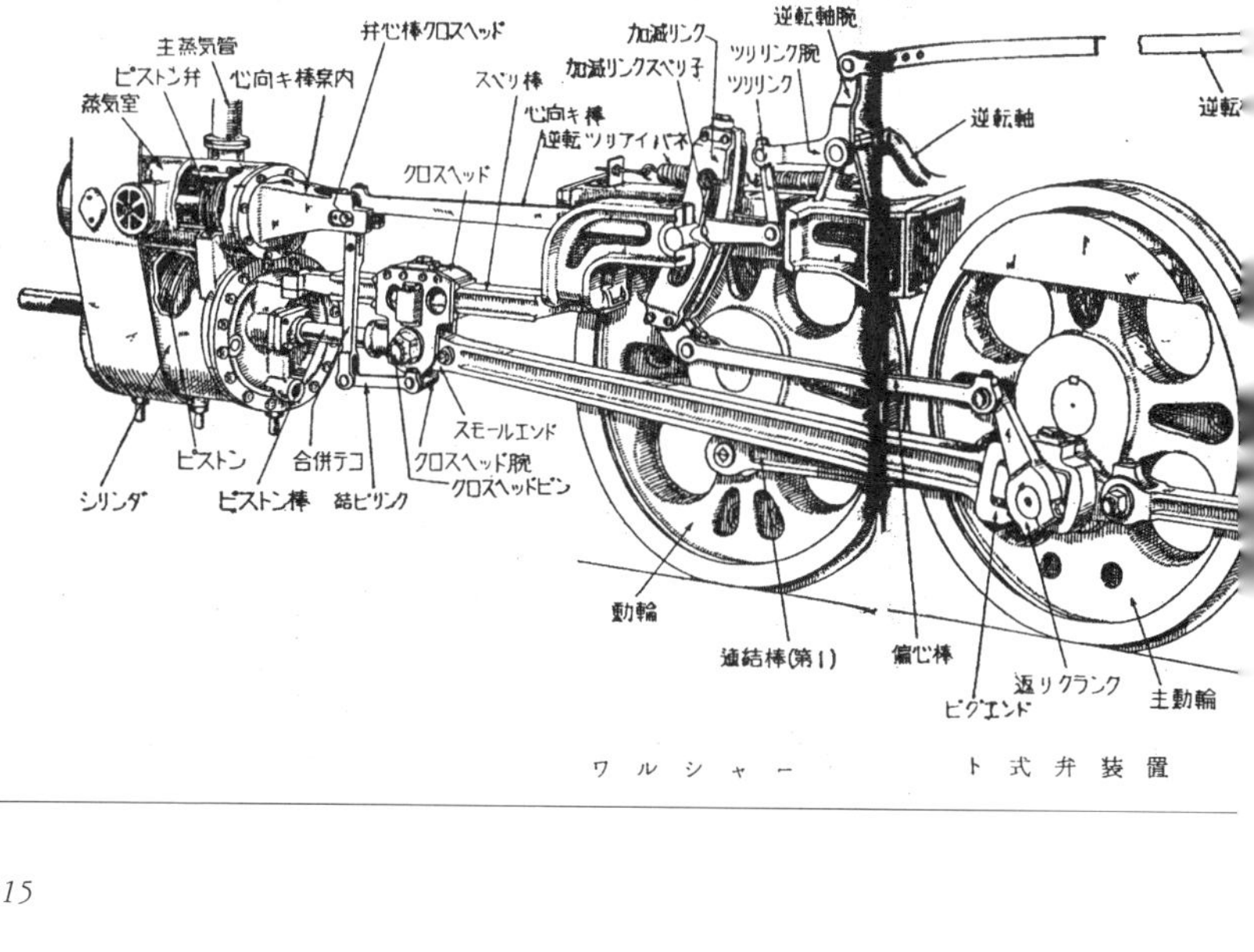

ワ ル シ ャ ー ト 式 弁 装 置

『検査修繕』
(平成8年・中央研修センター　乗務員研修室)

2．出区点検要綱

項　目	作　業　内　容	記　事
搭載用品	整備してあること。	
石炭、重油、水	所定量積み込んであること。	
気笛	音響良好で漏洩のないこと。	
標識	整備してあること。	
缶圧、缶水	必要な缶圧、缶水が保持されていること。	缶圧 12 キロ 缶水 80 %
火室内部	1　通風器の作用が良好なこと。 2　火室各板、煙管、溶けせんにもれのないこと。 3　レンガアーチ及びアーチ管に異常のないこと。 4　火床の厚さが適当で、粘結のないこと。	
水面計	左右水位に高低がなく、各コック等の機能が正常であること。	
インゼクタ	機能が良好であり送水時、缶圧、缶水の動揺が活発であること。	
給水ポンプ	1　運転状態が良好で給水時缶圧、缶水の動揺が活発であること。 2　加熱器排気管から多量の漏れのないこと。	
重油併燃装置	作用が良好であること。	
ブレーキ装置	1　重連コックが所定「開」位置であること。 2　圧縮機の運転状態が良好であること。 3　ブレーキ管5Kg／㎠　に込めた後、自動ブレーキ弁で０．６Kg／㎠　の減圧を行い、「重り位置」に置いてブレーキ管圧力の降下が３０秒間につき０．２Kg／㎠以内であること。 4　ブレーキ管5Kg／㎠　に込めた後、自動ブレーキ弁で	機関車 80ミリ～ 130ミリ 炭水車 100ミリ～ 150ミリ

－9－

出区点検要綱①

筆者が中央研修センター在職中に作成した資料。機関士科・機関助士科で使用されていた資料を参考に作成した

項　　目	作　業　内　容	記　事
ブレーキ装置	0．4kg／cm²の減圧を行い完全にブレーキが作用すること次にブレーキ弁ハンドルを運転位置に移し、完全に緩解すること。 5　自動ブレーキ弁ハンドルを重位置として元ダメ圧力が、8．0kg／cm²まで上昇すること。 6　自動ブレーキ弁で全制動を行いブレーキシリンダ行程が適当であること。 7　ブレーキ管ホース及び基礎ブレーキ装置に異常のないこと。 8　手ブレーキの作用が良好であること。	機関車 80ミリ～ 130ミリ 炭水車 100ミリ～ 150ミリ
灰箱、ダンパ	灰箱内の清掃状態及び灰戸、ダンパの機能が良好であること。	
煙室戸	煙室戸の密着状態が良好であること。	
砂マキ装置	散砂状態が良好であること。	
点灯装置	発電機能及び点滅、減光作用が良好であること。	
暖房装置	通気状態が良好であること。	使用期間のみ
弁装置、走り装置	異常のないこと。	
回転部、摺動部	異常のないこと。	
自動連結器	異常のないこと。	
保安装置	ＡＴＳの作用が良好であること。	
無線装置	搭載の確認と機能が正常であること。	

※　注意事項

逆転機、加減弁、給水ポンプ、インゼクター、水面計、ブレーキ等の機器を扱う場合は、他の作業者の安全を考えて大声で注意を喚起する。

－ 10 －

出区点検要綱②

（出区点検）

	機関車側面								運転室内														
	1	2	3	4	5	6	7	8	9	10	11	12	13	14	15	16	17	18	19	20	21	22	23
点検順序	出区番線確認	機関車番号確認	移動禁止合図確認	圧縮機ドレン「開放」確認	元空気ダメドレンコック「閉じ」確認	炭水車貯水量確認	各水コック確認	安全棒確認	ATS切換スイッチ「前位置」確認	防護用具確認	手旗確認	大・小ポーカー確認	大・小スコップ確認	石炭積載量確認	消火器確認	水面計予備ガラス確認	各水コック確認	手ブレーキ緊締確認	手ブレーキ使用札掲出確認	安全棒確認	ロッキングハンドル確認	応急処置用具・道具箱確認	油差し確認

	運転室内																						
	24	25	26	27	28	29	30	31	32	33	34	35	36	37	38	39	40	41	42	43	44	45	46
点検順序	各三方コック確認	側戸ダンパー確認	タービン在姿状態確認	主蒸気止め弁開き確認	タービン回転状態確認	各NFB「入り」確認（ATS除く）	インゼクタ在姿状態確認	灰箱開閉ハンドル「閉じ」確認	灰箱ダンパー「開・閉」確認	缶圧・缶水確認	左右水面計保護枠確認	バルブ廻し確認	各蒸気止め弁確認	圧縮機蒸気止め弁「小開」	通風機「小開」	焚火口戸開閉状態確認	溶栓・内火室状態確認	加減弁・同ピン確認	自弁運転・単弁緩ブレーキ位置確認	各計器確認	逆転ハンドル・同止めピン確認	速度計確認	各作用コック確認

	運転室内						炭水車下廻			機関車背面					炭水車下廻り				機関車下廻り				
	47	48	49	50	51	52	53	54	55	56	57	58	59	60	61	62	63	64	65	66	67	68	69
点検順序	側戸ダンパー「開・閉」確認	ATS電源「入」白色灯チャイム鳴動確認	防護無線鳴動試験・鳴動確認	乗務員無線・ランプ点灯確認	供給コック「開位置」確認	車両用信号煙管「封印」確認	圧縮機ドレンコック「閉じ」確認	ET間各ホース確認	左炭水車各軸箱確認	後部灯確認	左右標識灯確認	自動連結器三作用確認	ブレーキ管ホース確認	暖房ホース確認	BCストローク確認	ATS車上子確認	右炭水車各軸箱確認	ET間各ホース確認	中間緩衝器確認	従台車確認	缶吹き出し弁・同ピン確認	給水ポンプ在姿状態確認	ボイラー安全弁確認

– 12 –

出区点検順序①

（出区点検）

	機関車下廻り																						
	70	71	72	73	74	75	76	77	78	79	80	81	82	83	84	85	86	87	88	89	90	91	92
点検順序	汽笛確認	第四動輪確認	同制輪子確認	連結棒確認	BC確認（見えない時は反対側）	元ダメドレンコック左右「閉」確認	第三動輪確認	同制輪子確認	前後砂管確認	連結棒確認	主連棒ビクエンド側確認	返りクランク確認	偏心棒確認	第二動輪確認	同制輪子確認	前砂管確認	連結棒確認	BC確認（見えない時は反対側）	第一動輪確認	同制輪子確認	連結棒確認	フランジ塗油器確認	偏心棒確認

	機関車下廻り																機関車前面						
	93	94	95	96	97	98	99	A0	A1	A2	A3	A4	A5	A6	A7	A8	A9	B0	B1	B2	B3	B4	B5
点検順序	加減リンク確認	ツリリンク確認	ツリリンク腕確認	逆転軸確認	心向棒確認	弁心棒案内確認	合併テコ確認	結びリンク確認	クロスヘッド確認	主連棒スモールエンド側確認	ピストン棒コッター確認	スベリ棒確認	前後シリンダ安全弁確認	各ドレン弁確認	ピストン棒案内確認	先台車確認	前照灯確認	給水加熱器確認	自動連結器三作用確認	ブレーキ管ホース確認	左右排障器確認	煙室戸密閉状態確認	先台車確認

	機関車下廻り																						
	B6	B7	B8	B9	C0	C1	C2	C3	C4	C5	C6	C7	C8	C9	D0	D1	D2	D3	D4	D5	D6	D7	D8
点検順序	ピストン棒案内確認	前後シリンダ安全弁確認	各ドレン弁確認	ブレーキ管締切コック「開」確認	ピストン棒コッター確認	スベリ棒確認	クロスヘッド確認	主連棒スモールエンド側確認	結びリンク確認	合併テコ確認	弁心棒案内確認	心向棒確認	加減リンク確認	偏心棒確認	ツリリンク確認	ツリリンク腕確認	逆転軸腕確認	逆転棒確認	フランジ塗油器確認	第一動輪確認	同制輪子確認	BC確認（反対側で確認済の場合省略）	連結棒確認

－ 13 －

出区点検順序②

（2）給水ポンプの故障（その二）

（現　　象）

① 行程の極端で停止して運転不能となる。

② 行程の中間で停止して運転不能となる。

（不良箇所）

① イ．加減棒調整ナットノ弛み

ロ．逆転弁加減棒と弁棒との接合コッタピンの脱落、又は加減棒と弁棒二又との接合ピンの脱落

ハ．給油不足

② 水シリンダピストンヘッドの脱落のため運転を支障

（手　　当）

① イ．蒸気止メ弁を小開してピストンの停止している位置が下の極端なら上部ナットを締めつけ、上の極端なら下のナットを序々に締めつけて行く。　適当な位置に達すると、ポンプは運転を開始する。この位置で二重ナットを締め合わせる。

ロ．コックタピンならハッカを差し込んで折曲げる。二又部の接合ピンなら使用しない側の自動連結器錠釣リンク接合ピンを取り外して使用する。

ハ．送油量を一時的に増加する。一連式油ポンプなら20〜30回転手廻して充分給油し、送出シ管のドレンコックを開いて逆転弁室上部を軽打しながら蒸気止メ弁を急激に開く。これを数回繰返すとたいてい運転を開始する。

② 手当方法がないからインゼクタによる。

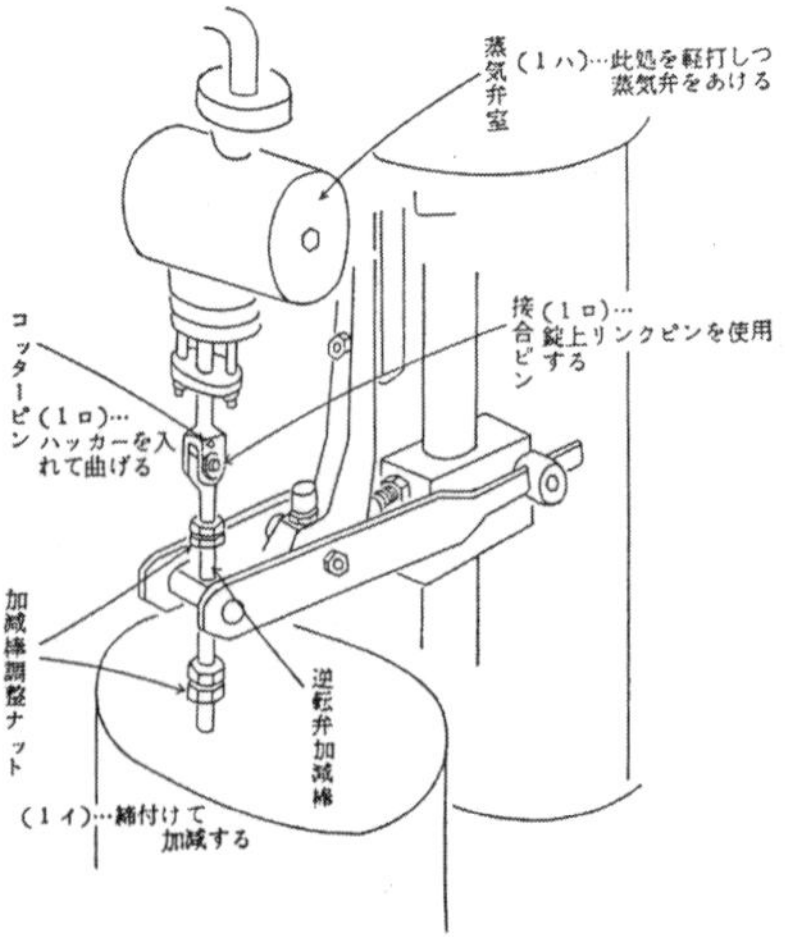

故障の修理

第５章　投炭練習

１．投炭練習の主旨

※　列車運転の安全と、燃料消費の経済効果を図るには、熟練した焚火技術、確固たる精神力、強権な体力が必要である。

２．投炭練習の心構え

（１）投炭の上達は、第一に姿勢から。

（２）上達を志す人は、服装を整えること。

（３）散乱炭は、投炭練習のはじめから抑えること。

（４）上向きショベルは、焚き上げのもと。

３．模型投炭方法及び順序

※　投炭に使用する模型火室はD51型、使用ショベルは両手式（甲種ショベル）と片手式（乙種ショベル）で、ショベル扱いは「伏せショベル」によって広く散布しながら、投炭順序は正しく所定杯数を、所定時間内に投入して火床基準線に合致するよう形成する。

但し、ショベル一杯ですくう量は、両手式で 2kg、片手式 1kgを標準とする。

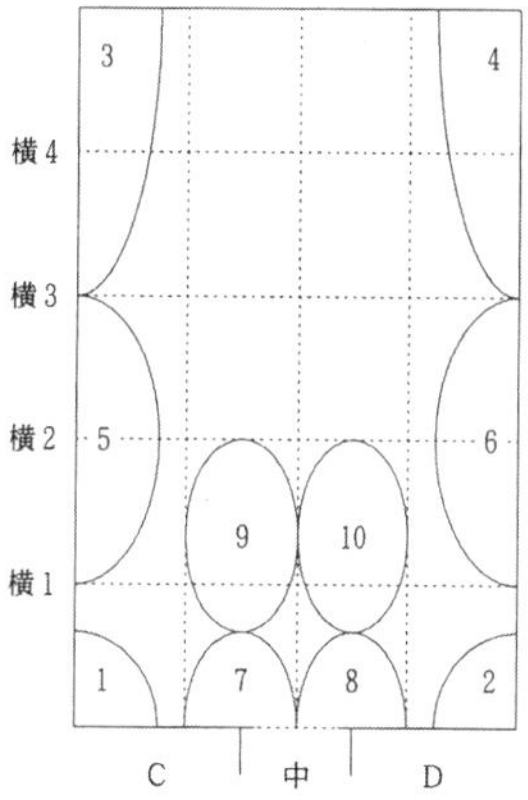

（第　１　循　環）

①　１、２、７、８は、水平に焚口に入れながら返す。各箇所に応じて、左側ショベルは腰を落とし右足を一歩前に踏み出しながら、右側ショベルはやや腰を浮かして投げる。

７、８は腰を落としてショベルを立てる。

②　５、６は、横１線手前から側板に沿って横３線で終わるように投げる。

③　３、４は、横３線より側板に沿って管板に至るように投げる。

ショベルは、半返しとして石炭の勢力を抑える。

投炭練習順序①

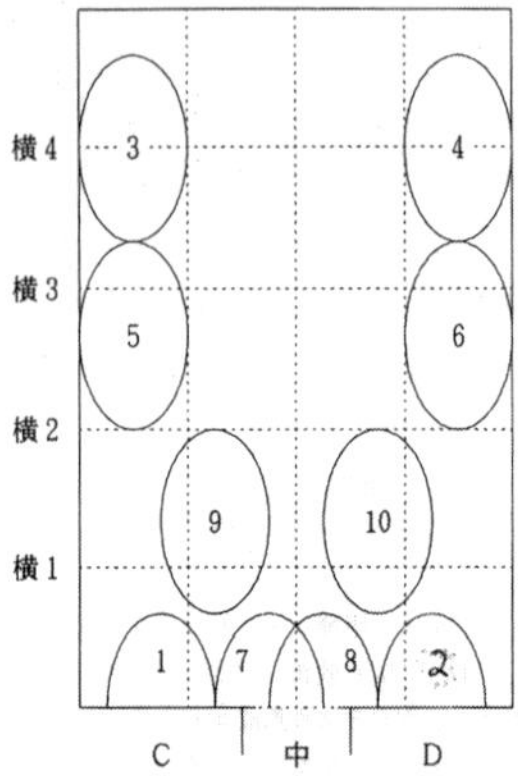

（第　2　循　環）

① 5、6は、努めて側板に寄せて充分伏せ引きする。

② 7、8は、中線を境とし適当に重ねショベルとする。

③ 9、10は、充分腰を落として、焚口中心より水平にショベルを入れて所要方向に運び、基準線平行に伏せ引きする。

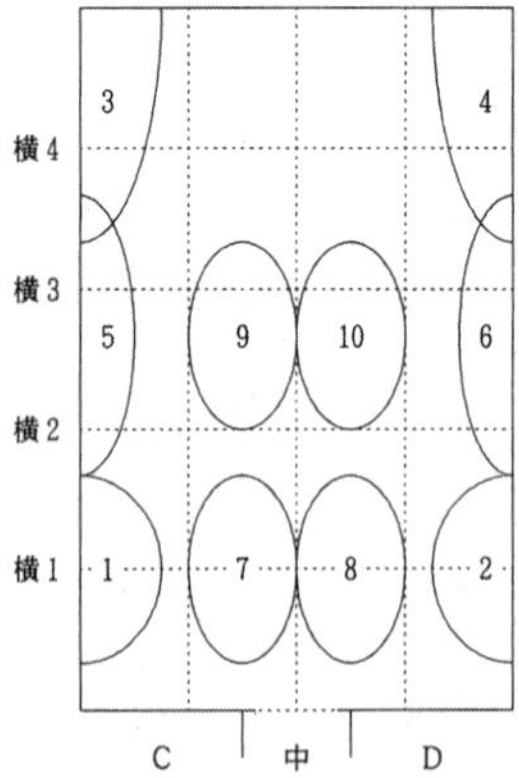

（第　3　循　環）

① 7、8は、中線によせ細長く半引きとする。

② 9、10は、横2、横3線の構成なりに中線に寄せやや長めに半引きとする。

③ 3、4、5、6は、半伏せとしショベルの刃先にて石炭勢力を抑えるようにする。

― 68 ―

投炭練習順序②

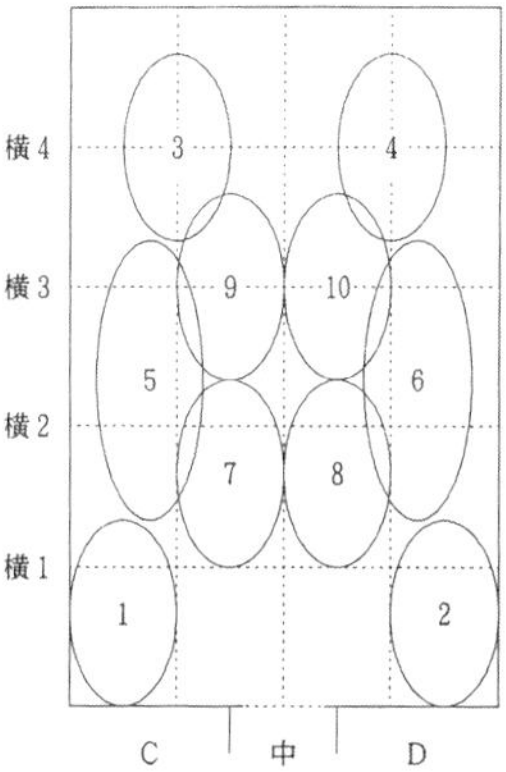

（第　4　循　環）

① 1、2は、充分腰を浮かして焚口中心よりショベルを入れて所要方向に運んだ後、基準線平行に伏せ引きとする。

② 5、6は、努めてCD線上に横1、横2線の中間より横2、横3線の中間に渡るように投げる。

③ 7、8は、焚口上で完全に返しショベルで投げ込む。

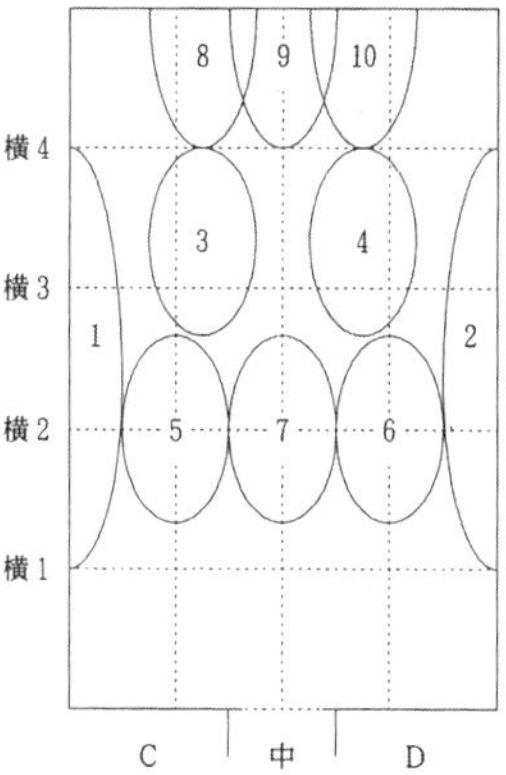

（第　5　循　環）

① 1、2は、横1線より横4線まで細長く充分側板に沿うように投げる。

② 5、6、7は、横2線を中心にCD線間に平行になるように投げる。

③ 8、9、10は、横4線より管板に届くように、又中心線に平行になるよう投げる。

投炭練習順序③

『機関車故障応急処置標準』
（昭和43年・高崎鉄道管理局）

13 ボイラー安全弁が噴き止まらないとき

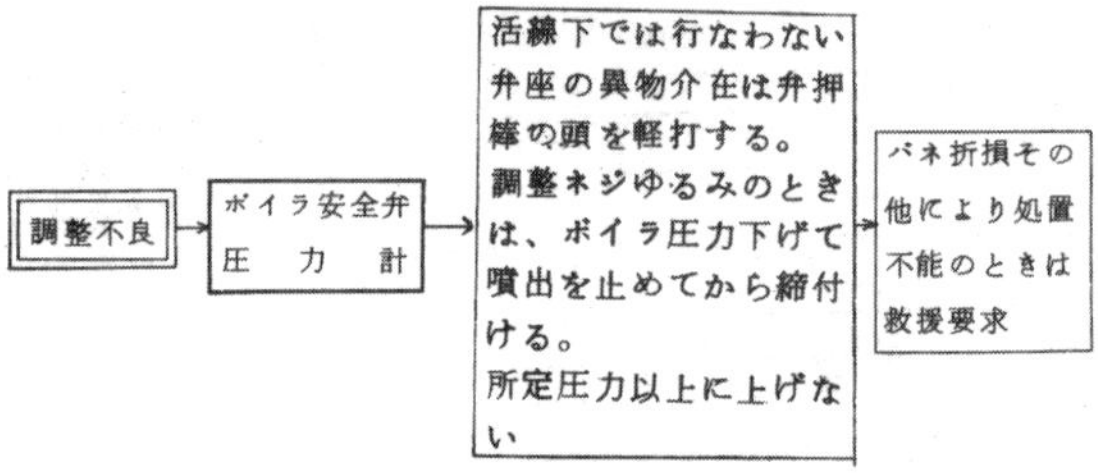

14 加減弁開閉不能

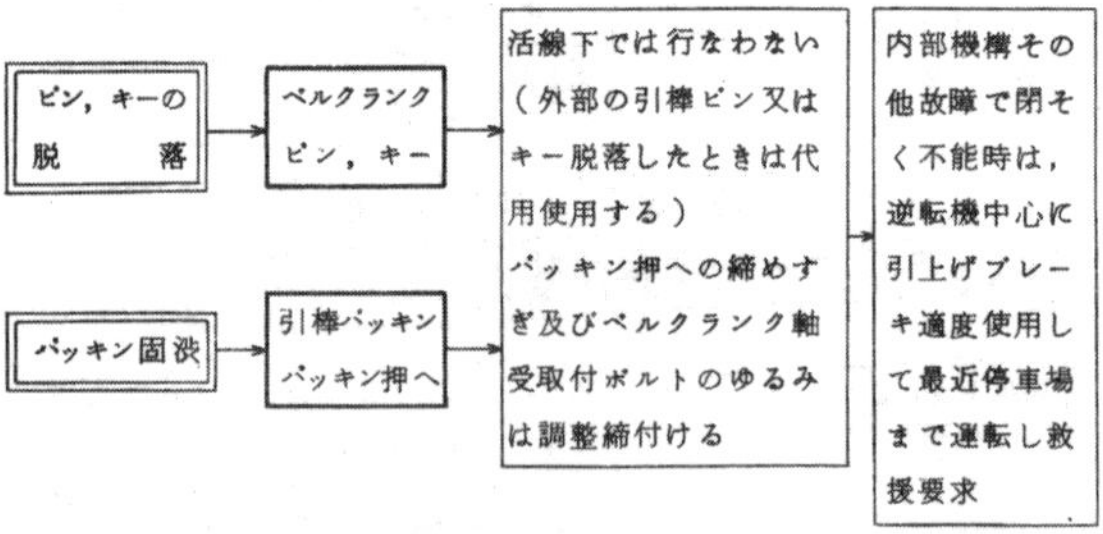

15 ボイラー圧力計不良

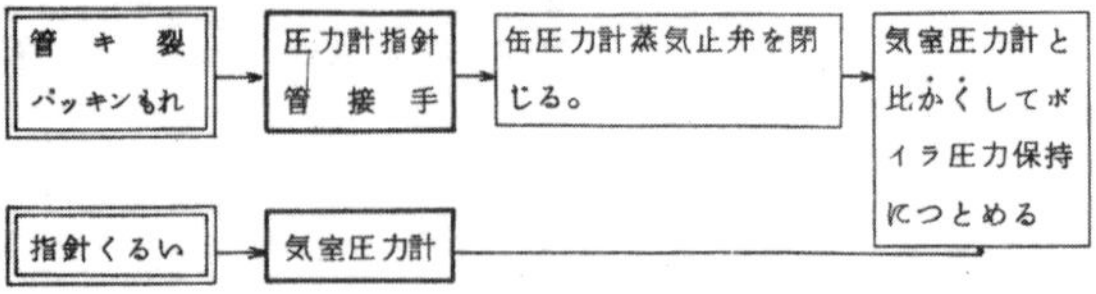

国交省の技能試験でも、この標準マニュアルを参考にして応急処置試験を行っている

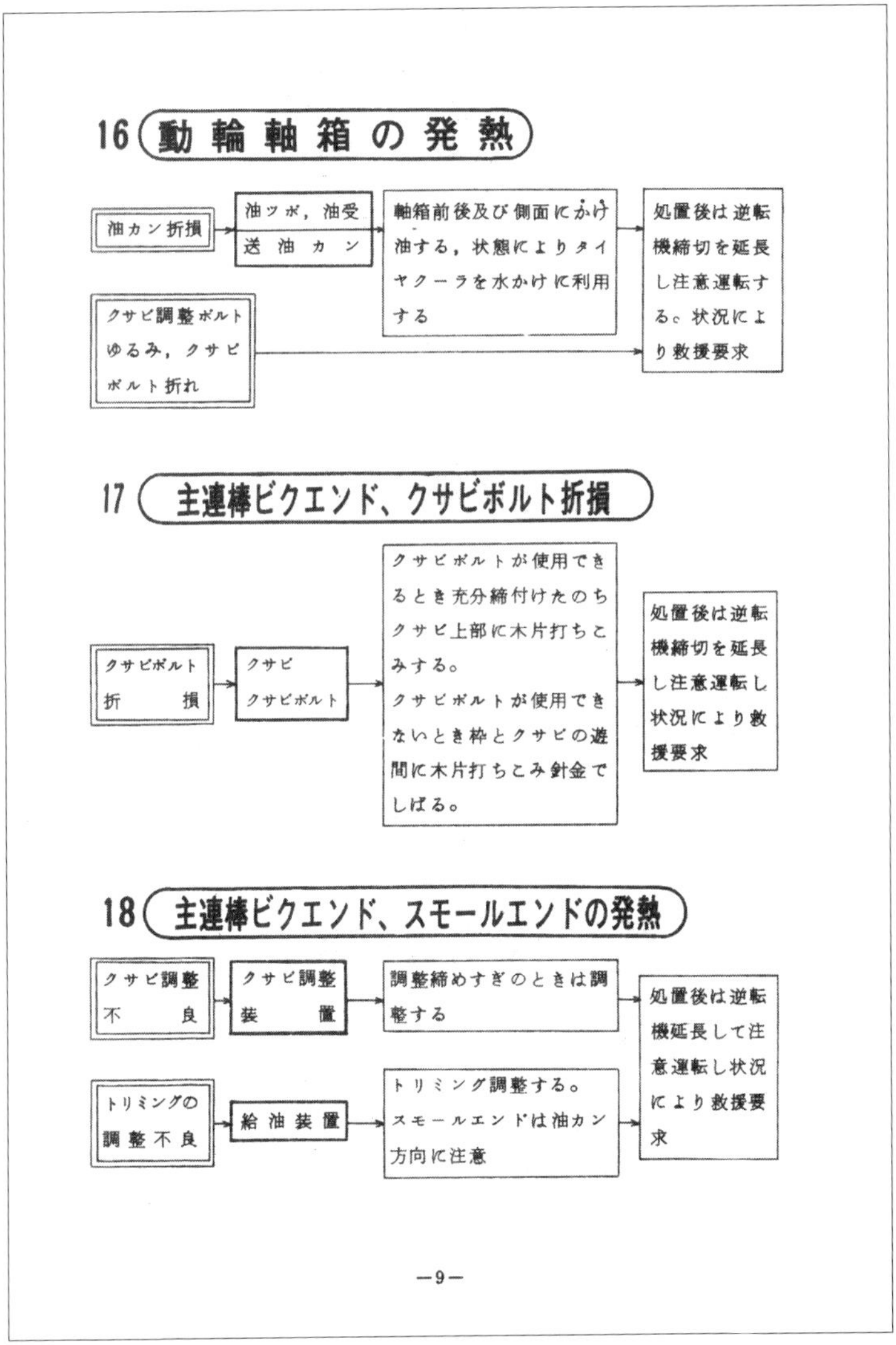

16 動輪軸箱の発熱

油カン折損 → 油ツボ，油受　送油カン → 軸箱前後及び側面にかけ油する，状態によりタイヤクーラを水かけに利用する → 処置後は逆転機締切を延長し注意運転する。状況により救援要求

クサビ調整ボルトゆるみ，クサビボルト折れ → 処置後は逆転機締切を延長し注意運転する。状況により救援要求

17 主連棒ビクエンド、クサビボルト折損

クサビボルト折損 → クサビ　クサビボルト → クサビボルトが使用できるとき充分締付けたのちクサビ上部に木片打ちこみする。クサビボルトが使用できないとき枠とクサビの遊間に木片打ちこみ針金でしばる。 → 処置後は逆転機締切を延長し注意運転し状況により救援要求

18 主連棒ビクエンド、スモールエンドの発熱

クサビ調整不良 → クサビ調整装置 → 調整締めすぎのときは調整する → 処置後は逆転機延長して注意運転し状況により救援要求

トリミングの調整不良 → 給油装置 → トリミング調整する。スモールエンドは油カン方向に注意 → 処置後は逆転機延長して注意運転し状況により救援要求

−9−

参考　空気ブレーキ装置空気管破損の処置

破損箇所		処置	処置後の取扱		連絡
			単弁	自弁	
1	元ダメ管及び同自弁支管	亀裂程度でゴム板使用処置のほかは不能	無効	無効	救援
2	ブレーキ管	ブレーキ管〆切コック閉じる	有効	有効	
3	ブレーキ管	重連コックを閉じる	有効	無効	司令の指示
4	制御弁ブレーキ支管	ブレーキ管寄をふさぐ	有効，緩解はユルメ位置を使用	有効，機関車の制動緩解無効，列車ブレーキは単弁併用	
5	制御弁元ダメ支管	元ダメ側をふさぐ	無効	機関車のブレーキ、緩解無効	司令の指示
6	制御弁元ダメ支管	供給コックを閉じる	無効	機関車のブレーキ、緩解無効	司令の指示
7	作用シリンダ管	両端をふさぐ	無効	有効，ただし非常ブレーキのさいブレーキシリンダ圧力低い	
8	制御弁ユルメ管	制御弁側をふさぐ	有効ただし機関車ブレーキ緩解はユルメ位置	有効，ただし機関車ブレーキの緩解は単弁ユルメ位置	
9	各圧力計管	銅管をたたきつぶす	有効	有効	

注　処置後は必ずブレーキ試験を行なう。

ＥＴ６形空気ブレーキ装置配管図

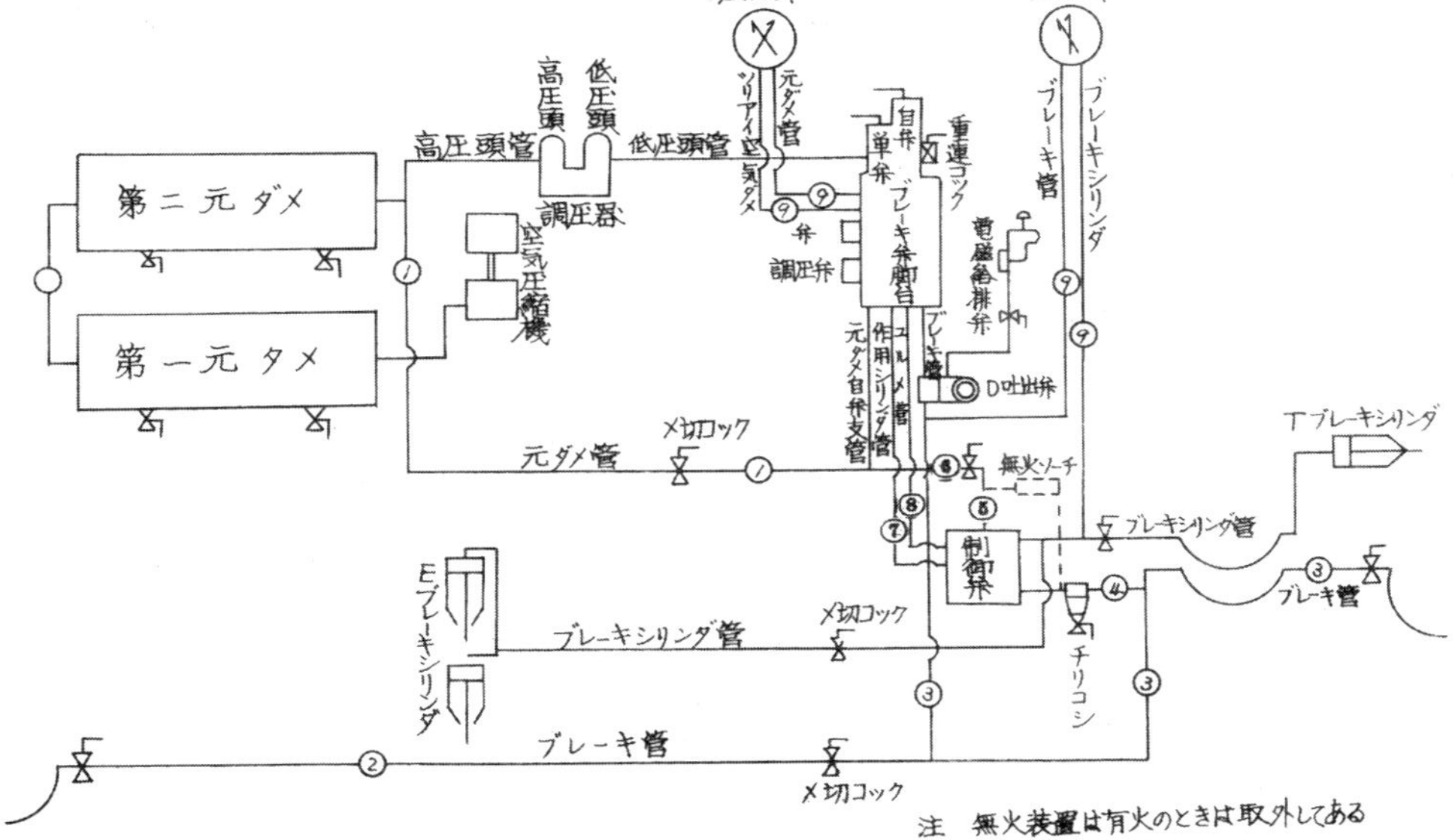

注　無火装置は有火のときは取外してある

『焚火給油』
（昭和30年・日本国有鉄道　中央鉄道教習所）

第2章　燃焼と焚火法

1 燃焼一般	2 石炭(れん炭を含む)の燃焼
3 重油の燃焼	4 石炭(れん炭を含む)の焚火法
5 重油の焚火法	6 経済的焚火法

2・1 燃燃一般

1　燃焼の定義　一般に燃焼とは、可燃物質（燃料）と空気中の酸素とが急激に化合して、熱と光とを伴う現象をいう。また非常に急激な燃焼作用で音響を伴う現象を爆発という。

たとえばマツチをすつて火をつけたり、まきや木炭を燃やす場合は燃焼といい、また打上げ花火に火を付けたときに起きる現象などは爆発というが、鉄の表面が空気中の酸素と化合してさびを生ずる場合は、徐々に酸化するので燃焼とはいわない。また鉄粉といおうとが化合するときは光と熱とを伴うが、酸素との化合でないから燃焼とはいわない。

2　完全燃焼するのに必要な条件　燃料が完全燃焼するためには、次の三つの条件をみたさなければならない。

(1) 火室内の温度が、燃料の着火温度以上でなければならない。火室内の温度は高ければ高いほど、燃焼はすみやかに行われ完全燃焼する。

(2) 可燃ガスと空気との混合を十分にしなければならない。

(3) 可燃ガスが完全燃焼を行わない以前に冷却させないこと、このためにはタキロ等より進入する空気を制限しダンパ、煙室反射板等の取扱を適切に行う必要がある。

3　燃焼に必要な空気量　空気は窒素、酸素その他種々の気体の混合物で、その重量及び容積の割合は第2・1表のとおりである。

— 26 —

燃焼一般論①

筆者が機関助士になる以前に、通信教育を受講した時に使用していた教本とその内容の一部。機関助士科でも本書を教科書として使用し、学んだ

第2・1表　空気中の各種気体の重量及び容積の割合

成分＼含有量	重量割合（%）	容積割合（%）
窒素	75.5	78.1
酸素	23.2	21.0
アルゴン	1.2	0.7

燃料が燃焼を行うに必要な理論上の空気量は燃料の種類によつてちがう。機関車用燃料について示すと第2・2表のとおりである。

第2・2表　燃料の種類による理論上の空気量

燃料 kg	容積 m^3	重量 kg
石炭（水分 10%）、常磐れん炭	6〜8	7〜10
石炭（水分 5%）、れん炭	8〜8.5	10〜12
無煙炭	8.5〜8.8	11〜11.3
重油	10.8〜11.0	14.5〜15

しかし実際火室内に投入された燃料を完全に燃焼させるためには、理論上必要とする空気量以上に、常に余分の空気を送つて可燃物質（燃料）と酸素とを十分に混合させる必要がある。

この余分の空気のことを過剰空気という。また燃料に実際に供給した空気量と理論上必要な空気量との比を過剰空気率という。

すなわち　$過剰空気率=\frac{実際供給空気量}{理論上の空気量}$

燃焼方式による過剰空気率を示すと第2・3表のとおりである。

たとえば実際火室で石炭 1kg を燃焼させるために必要な空気量は 20〜25kg、容積では 16〜20m^3 ということになる。

過剰空気の多いことはそれだけ空気中の酸素との混合が十分に行われるから完全燃焼することになるが、反面余分な空気を温めるために火室内の温度を低下することになり、しかも高温度にしたガスは大気中に放出されることになるから、必要以上にたくさんの過剰空気を火室におくることは不完全燃

— 27 —

燃焼一般論②

赤外線は物質に吸収されて初めて熱となるものである。

輻射熱は面がなめらかで色のうすいものは輻射及び吸収する量が少く、面があらくて、色の濃いものは輻射及び吸収の量が多いのである。

火室内のレンガは面があらいから、よく輻射し、よく吸収する。また夏服に白地を用い帽子に日おおいを用いるのは、輻射熱を反射させるためである。

5 ボイラ水への熱移動 火格子上で燃焼した石炭の熱は、主として輻射によつてボイラ板に伝達され、他の一部分が伝導によつて伝達される。

火室内に発生した熱ガスがボイラ板にふれるとボイラ板の表面には厚さ0.05～0.06mmくらいのガス膜ができ、同様に水の側にも薄い水膜ができる。

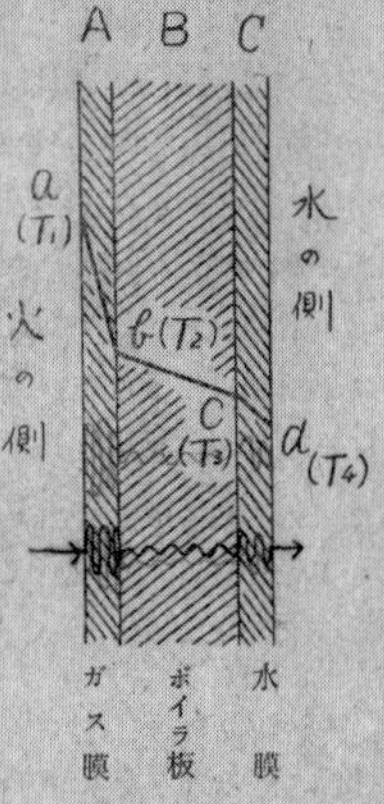

第 3・5 図

第3・5図はこの状態を表わしたもので、Aはガス膜、Bはボイラ板、Cは水膜であつて、a、b、c、dは温度の降下する程度を示したものである。

最初ガス膜の外側aの温度T_1のものが、ガス膜Aを通過する間に温度はT_2に下がり、ボイラ板Bを通過するとき、T_2からT_3に下がり、さらに水膜Cを通るとき、T_3からT_4に下がる。この間は全く伝導によつて熱がボイラ水に伝えられるのである。

ガス膜の厚さはきわめて薄いが、熱抵抗が非常に大きく、伝導による全体の抵抗の93%を占めている。水膜はこれに比べればきわめて抵抗は小さい。このようにして伝導によつてボイラ板を通つてボイラ水に伝えられた熱は、対流によつてボイラ水全体に伝えられるのである。

6 飽和蒸気の性質 水を容器に入れてふたをしないで、これを加熱すれば、水の温度は次第に上昇し表面から水蒸気が発生し、100°Cに達すると沸

熱移動①

騰し始める。一度沸騰し始めるとどんなにこれを熱してもただ沸騰して水を蒸気にするだけで水の温度は決して上昇しない。

次に容器にふたをして、ふたの上に分銅をのせて容器を密閉し、これをさらに加熱すれば、容器中の水温は次第に上昇し、沸騰し始めると同時にふたを押し上げて蒸気を器外は噴出する。ただしこの場合の沸騰点は 100°C よりも高く、分銅の重量を増加すればするほど沸騰点は高くなるが、分銅の重さが同じ場合は沸騰点も同じである。

すなわち、一定の圧力に対しては沸騰点（沸騰し始めたときの温度）も一定である。このように一定の温度に対しては一定の圧力があり、この圧力をその温度に対する最大圧力といい、この最大圧力のときの蒸気を飽和蒸気という。

すなわち、飽和蒸気は水と一緒にある蒸気で、その温度はこれに接する水の温度に等しいから、一定の圧力に対しては、一定の温度である。

第 3・2 表

絶対圧力 kg/cm²	温度 °C	蒸気顕熱 kcal	蒸気潜熱 kcal	蒸気全熱量 kcal	蒸気重量 kg/m³	蒸気容積 m³/kg
1	99.1	99.1	559.9	639.0	0.5790	1.727
2	119.6	119.9	527.0	646.9	1.1070	0.903
3	132.9	133.4	518.1	651.6	1.618	0.618
4	142.9	143.7	511.1	654.9	2.120	0.4718
5	151.1	152.2	505.2	657.3	2.614	0.3825
6	158.1	159.4	499.9	659.3	3.104	0.3222
7	164.2	165.7	495.2	660.9	3.591	0.2785
8	169.6	171.4	490.9	662.3	4.075	0.2454
9	174.5	176.6	486.8	663.4	4.556	0.2195
10	179.0	181.3	483.1	664.4	5.037	0.1985
11	183.2	185.7	479.5	665.2	5.516	0.1813
12	187.1	189.8	476.1	665.9	5.996	0.1668
13	190.7	193.6	472.8	666.5	6.474	0.1545
14	194.1	197.3	469.7	667.0	6.952	0.1438
15	197.4	200.7	466.7	667.4	7.431	0.1346
16	200.4	204.0	463.8	667.8	7.909	0.1264
17	203.4	207.1	460.9	668.1	8.389	0.1192
18	206.2	210.1	458.2	668.3	8.868	0.1128
19	208.8	213.0	455.5	668.5	9.349	0.1070
20	211.4	215.8	452.9	668.7	9.830	0.1017
22	216.2	221.0	447.9	668.9	11.790	0.0927
24	220.8	226.0	443.0	669.0	11.760	0.0850

したがつて

熱移動②

『動力車乗務員必携』
（昭和38年・盛岡鉄道管理局）

第５章　客貨車区、客車区及び貨車区従事員職制

第１節　職名及び職務内容

第11条　客貨車区、客車区及び貨車区従事員の職名及びおもな職務内容は、次の通りとする。

職名	おもな職務内容
客貨車区長 （客車区長） （貨車区長）	客貨車区の業務全般の管理及び運営。 （客車区の業務全般の管理及び運営。） （貨車区の業務全般の管理及び運営。）
支区長	支区の業務全般の管理及び運営。
助役	客貨車区長、客車区長若しくは貨車区長又は支区長の補佐（業務の分担を特に命ぜられた場合には主としてその業務についての補佐。）又は代理。 指定された業務の処理。
事務掛	金銭及び物品の受払及び保管。 出務表の整理。 諸給与の仕出し、諸統計。 その他の庶務経理事務。
客貨車検査掛	客貨車及び蓄電池機器の検修及び整備。 検修に関する技術業務。 かつ大品、危険品及び特殊貨物の積載車の検査。 指定された者は修車掛の指導。
車両掛	客貨車、動力車その他の車両の検修及び整備。 蓄電池機器の保守及び充電。
修車掛	客貨車、動力車その他の車両の修繕。 蓄電池機器の保守及び充電。
諸機掛	起重機その他機械の運転及び保守。 気かんの取扱及び保守。

— 14 —

機関区従事員の職名と職務内容①

動力車乗務員が乗務中に携帯を義務付けられていたマニュアルには、運転取り扱い基準規程、乗務線区の線路図、作業標準、機関車故障応急処置標準などが記載されてあり、筆者も常時、カバンの中に入れていた

整備指導掛	整備掛を指導し、客貨車、動力車その他の車両の清掃。
整備掛	客貨車、動力車その他の車両の清掃及び簡易な修繕。 燃料及び用水の供給。 事務掛及び諸機掛の職務補助。 その他の雑務。

第2節　指揮命令系統

第12条　客貨車区、客車区及び貨車区従事員の指揮命令系統は、次の図の通りとする。

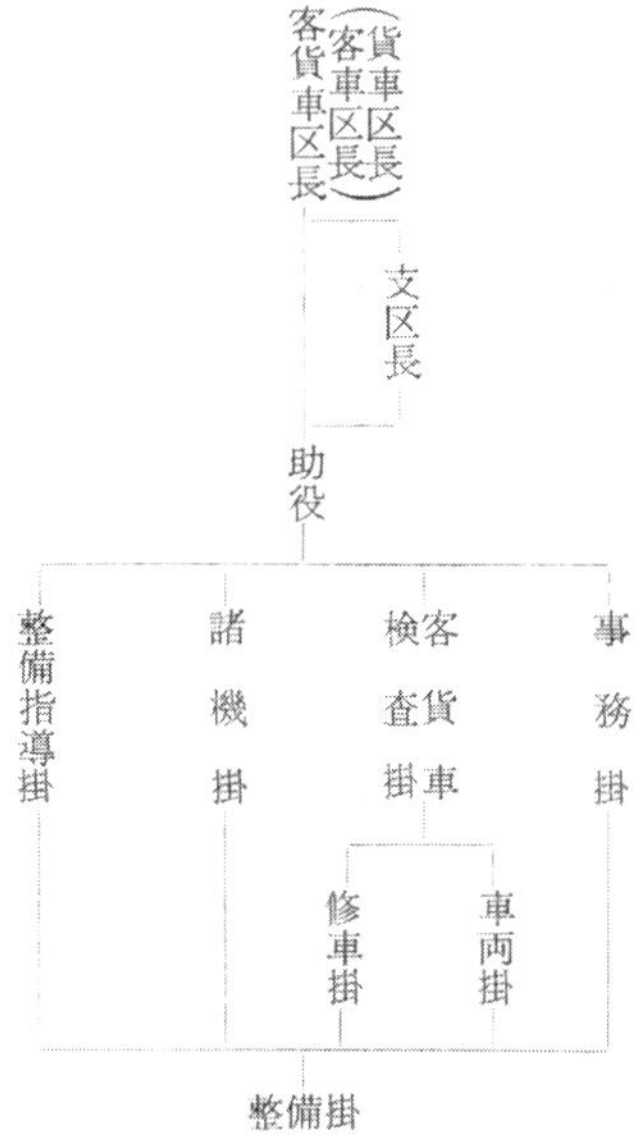

— 15 —

機関区従事員の職名と職務内容②

動輪の直径と速度及回転数の関係

機　関　車　形　式	動輪直径
C51　C57　C60　C61	1,750粍
8620	1,600〃
C58　C11　C10	1,520〃
D51　D50　D60　D12	1,400〃
9,600	1,250〃

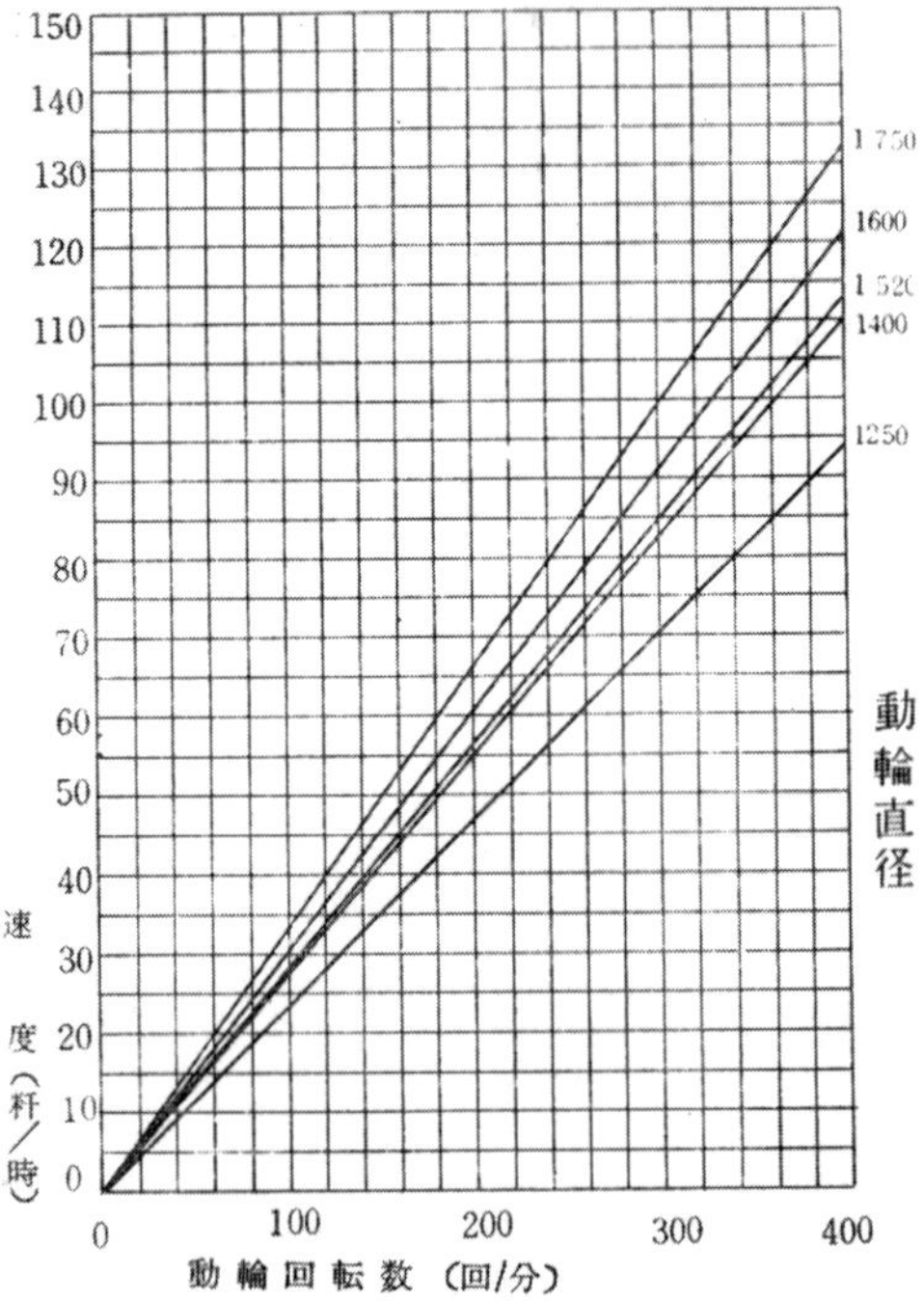

—122—

速度と車輪回転数①

列車の速度観測法

(1) 粁標に依る法

粁標と粁標の間（即ち二分の一粁）を通過するに要する秒数を以て1800を除したる数は毎一時間平均速度(粁/時)である。今Ｖを速度（粁/時）tを1/2粁を走行するに要する時間（秒）とすれば

$$V = \frac{1}{2} \times \frac{60 \times 60}{t} = \frac{1800}{t}$$

粁標による列車速度早見表

距離標間の走行時間による一時間の走行粁									
100 米 ポ ス ト				1/2 粁 ポ ス ト					
秒	粁	秒	粁	秒	粁	秒	粁	秒	粁
4	90	12	30	20	90	34	53	80	22.5
4.5	80	13	27.7	21	86	35	51.5	85	21
5	72	14	25.7	22	82	36	50	90	20
5.5	65.5	15	24	23	78	37	48.5	95	19
6	60	16	22.5	24	75	38	47.5	100	18
6.5	55.0	17	21.2	25	72	39	46	105	17
7	51.5	18	20	26	69.5	40	45	110	16
7.5	48			27	66.5	45	40	115	15.5
8	45			28	64.5	50	36	120	15
8.5	42.5			29	62	55	32.7	150	12
9	40			30	60	60	30	180	10
9.5	38			31	58	65	27.5	210	8.5
10	36			32	56	70	25.5		
11	33			33	54.5	75	24		

算出表　360/秒数・・・・100米のとき

(2) 動輪の回転数に依る法

一定時間内に機関車の動輪回転数を数うれば該数は毎一時間の平均速度である。

機関車形式	動輪直径(米)	一定時間(秒)
C51	1.75	19.79
8620	1.60	18.10
D51. D50	1.40	15.83
9600	1.25	14.14

— 123 —

速度と車輪回転数②

機関士は、この早見表の中の数値をいくつか記憶しておいた。そうすることで、速度計が故障しても、正確な速度で運転する事ができた

軌道負担力其他 （建設規程）

項目			特別線	甲線	乙線	丙線	簡易線
線路	軌道	負担力	K—18	K—16	K—15	K—13	※
線路	軌道	軌条の重量（瓩）	50	(50) 37	(50) 37	(37) 30	$30 \times \frac{80}{100}$
線路	軌道	道床の厚さ（粍）		200	200	地良 120 150	地良100 120
線路	施行基面の幅（除側溝）（米）			2.50	2.40	2.25	2.10
線路	橋梁負担力			KS—18	KS—15	KS—12	KS—10
線路	同上（特別の場合）				KS—18	KS—15	KS—12
線路	停車場有効長（米）但し列車の発着する本線路（旅客列車専用線を除く）			380—460	350—380	150—250	80
車	機関車の軌道及橋梁に与うる活荷重	軌道に対し	K—18	K—16	(K—16) K—15	(K—15) K—13	K—13
車	機関車の軌道及橋梁に与うる活荷重	橋梁に対し	KS—18	KS—16	(KS—16) KS—15	(KS—15) KS—12	(12) KS—10

軌道負担①

両の重量	機関車車輪１対の軌条に対する停車中圧力（砘）以上括弧内の数字は乙丙線の急勾配を含む運転区間其の他に対して特に必要ある場合に於ては軌条及橋梁の負担力の範囲内に於て増すことを得る限度	18	16	（16）15	（15）13	（13）11
	客貨車車輪１対の軌道に対する停車中圧力（砘）	13砘以下たるを標準とし14砘に至るを得但し両端連結器の連結面間距離１米に付平均５砘以下たることを要す。				12
	機関車転車台の長さ	12米乃至20米				—

備　考　※最大軸重11砘最小軸距 1.5米の機関車が重連して列車牽引の場合直線に於て速度45粁時の運転に耐うるものなること。

踏切道の種別　（昭15．4．30達 296号）

種別	説明
第 1 種	昼夜間を通じ踏切保安掛の配置しあるもの。
第 2 種	一定時間を限り踏切保安掛の配置しあるもの。
第 3 種	踏切保安掛の配置なきものにして閃光式踏切警報機の設置しあるもの。
第 4 種	踏切保安掛の配置又は閃光式踏切警報機の設置なきもの。

軌道負担②

あとがき

私は現在81歳。その人生の60年近くを鉄道業務に携わり、57年間をＳＬと共に機関士として過ごしてきた。この間、入院にいたるような大病を患ったことは一度もない。頑丈な身体に産んでくれた、父、母に感謝したい。

12歳のとき母を亡くした。父は農業を営み苦労を重ねながら、男手一つで私を育ててくれた。その父は私の国鉄入社を喜び、機関士科に合格した時は「よかったなぁ、俺は力の運転する汽車を見るのが夢だった」と言って褒め言葉をくれた。今でも心に残る一言である。その父も、私の機関士姿を一目見ることもなく逝ってしまった。25歳の時だった。

早くに両親を亡くしたが、私の家族には恵まれた。29歳で結婚、二男一女の子宝に恵まれた。平凡だが、恵まれた家庭環境に満足な日々を過ごしている矢先、秩父鉄道に出向し「ＳＬパレオエクスプレス号」の運行に携わっている時、妻が脳動脈瘤破裂で急逝してしまった。長女が18歳、長男が16歳、次男が13歳の時だ。まだまだ、母親の存在が絶対的な年頃だった。私は何も考えられぬほど打ちのめされ、途方に暮れた。子どもも私も悲しみのどん底にあっても、とにかく妻亡き一歩を踏み出さなければならない。そこで私はこれからの生活の一つ一つを、子どもたちと相談しながら進めることにした。

出向中の私の勤めは一昼夜勤務という不規則なもので、出勤するとその夜は家に帰れない。子どもの学校生活での弊害、毎日の食事などの困難を承知で母親、妻のいない生活に踏み出した。子どもたちも現状を自覚して頑張り、健康な体で優しさを理解できる、まっすぐで信念を持った強い子どもに成長してくれた。そして現在、長女は理学療法士となって嫁ぎ、長男はJR関連会社に就職して家庭を持ち、次男は私と地続きで動物病院を経営している。

三人の子どもたちも子宝に恵まれ、私も七人の孫の「爺」となった。盆と暮れには私の家に全員が集まり、賑やかな一時を過ごしている。平成8年には同級生の紹介で、生涯を理解し合える山好きな女性と再婚、時どき近くの山に出掛けて楽しい日々を過ごしている。

今、のんびりとこんなことを書けるのも、子どもが立派に成長した安心感に満たされているからだ。それと大病もせず健康であったことも今につながっている。大病を患い入院でもしていれば、私の家庭は崩壊していたかもしれない。それを思うとぞっとする。

機関車乗務員には、常に危険がつきまとう。怪我程度であれば、軽い方だ。投炭時の火傷、揺れの激しい機関車から転落すれば命がない。夏の暑さ、冬の寒さによる緊張感のゆるみ、ちょっとした不注意などすべてが大怪我や重大事故につながってくる。常に身の安全を心掛けていたが、私にとって機関車乗務による怪我や事故は、助士・機関士時代を通して一度もなかったことは何よりの喜びだ。

60年近く蒸気機関車に関わってきた中で特記できることを挙げれば、SL復活運転時の喜び、6名のヨーロッパ研修の一員に選ばれたこと、地元群馬や東北の盛岡、会津で催された、賑やかな各種イベントでSL機関士として運転できたことなどがある。また、秩父鉄道へ出向し、秩父鉄道の社員をSL機関士に養成する自社養成システムを立ち上げ、国家試験に合格させたこと。東武鉄道では嘱託社員となり、「SL大樹」の復活営業運転に最初から関わり、予定どおりに営業運転が開始できたこと。SL乗務員のレベルアップをはかり、自社養成で国家試験を受験できる体制が作られたことなどが、私の機関士人生の中で唯一自慢できる話となろうか。また、映画『鉄道員』の高崎運転所の転車台上でのロケで、機関士として主演した高倉健さんに機器扱いや運転方法を指導し、高倉さんと一緒に撮った写真を高倉さんより手紙を添えて頂戴したことも自慢できそうだ。

こうした蒸気機関車と歩んだ人生を、子どもたちや後世の人々に書き残して置きたいと思っていた。出版など思いもよらなかったが、偶然にも知人の清水昇さんから出版の話を持ちかけられた。清水さんは国鉄で専務車掌などしていたが、国鉄民営化の時に退職され歴史作家として独立し、東京の出版社から20冊ほどの著作を出していた。

清水さんには、原稿の段階から大変お世話になった。書き方の注意を受け、書いては削り、書き足しを何度も繰り返した。編集者の小関秀彦氏にも補足を促され、どうにか書き上げたときは400字詰めに換算して560枚にもなっていた。本文掲載の写真の中には、イベントでSLファンに撮ってもらったものもある。また、私が東北鉄道学園の機関士科で学んだ時の教科書や数多くの勉強ノートを再読し、執筆に役立てた。

小関氏には編集にもお力添えをいただいたが、出版を快く引き受けてくださり、最終的な編集にご尽力いただいた、ライチブックスの江建氏には謹んで感謝申し上げたい。

末筆になってしまったが、出版に際して清水さんのご苦労はむろんだが、小関氏や勤務地で大変お世話になったJR東日本・秩父鉄道・東武鉄道の関係者の皆様に心より感謝を申し上げて擱筆としたい。

令和6年4月

参考文献

「最新蒸気機関車工学」吉田冨美夫・大竹常松共著　交友社　1960
「運転理論」中部鉄道学園運転第一科　交友社　1958
「蒸気機関車2」東日本旅客鉄道会社　中央研修センター
「焚火給油」東日本旅客鉄道　中央研修センター
「技能講習指導要領」東日本旅客鉄道　中央研修センター
「動力車操縦者運転免許関係資料集」東日本旅客鉄道　中央研修センター
「轣轆」日本国有鉄道高崎鉄道管理局　運転史編纂委員会　1987
「阿武止氏機関車」横川機関区内　アプト式写真集編集会　1983
「SLは永遠に」国鉄動力車労働組合、全国乗務員会　1973
「碓氷峠を越えたアプト式鉄道」清水昇著　交通新聞社　2015
「高崎機関庫機関車系譜」JR東日本高崎電車区　原訓久・岡野靖史共著　2002
「全国機関車要覧」車両工学会　1929
「蒸気機関車水処理規定と故障手当」運転実務研究会　江島日進堂出版部　1965
「駅」読売新聞社前橋支局編　喚呼堂　1979
「機関士物語」機関車文学会編　労働旬報社　1966
「SL復活物語」日本鉄道保存協会編　JTB　2003
「我が人生の並木道」河野一男著　水戸評論出版局　1998
「栄光の蒸気機関車I」関口ふさの　あさを社　1976
「日本の蒸気機関車」笹本健次　ネコ・パブリッシング　1994
「上州路」特集、ありし日のSLたち　関口ふさの　あさを社　1998　5月号
「上州路」特集、さらば国鉄　関口ふさの　あさを社　1987　3月号
「磯部誌」磯部地誌刊行会編　あさを社　1990

◉カバー・本文デザイン……山本真比庫（山本図案工房）
◉カバー写真…………………PIXTA／石（@ishi_ae86）
◉編集協力……………………清水 昇　小関秀彦

※本文に掲載している写真及び資料編に掲載している教本・マニュアルはすべて筆者所有のものです

【著者】田村 力（たむら・つとむ）

昭和17年（1942）、群馬県安中市生まれ。19歳で国鉄に入社し翌年に機関助士として高崎第一機関区に配属、26歳で機関士となる。国鉄民営化後、JR東日本に採用され、昭和63年にはD51 498号機復活イベント列車「ダイヤ改正記念号」を牽引運転。平成2年より埼玉県北部観光振興財団に出向し、秩父鉄道でSLを運転。その後、中央研修センター動力車乗務員養成室勤務となり、電車運転士やSL機関士の養成に取り組む。平成14年にJR東日本を退職。以降、秩父鉄道のSL機関士育成に携わり、平成28年より東武鉄道の嘱託社員となり、SL復活運転やSL機関士の自社養成準備を行い同社のSL復活に尽力。令和2年に東武鉄道を退職。

機関車、驀進

2024年12月1日　第1刷発行

著　者　田村 力

発行者　江　建

発行所　株式会社ライチブックス
〒141-0031 東京都品川区西五反田2-12-15
電話 03-6427-3191
http://lychee-books.com

印刷・製本　モリモト印刷株式会社

ISBN978-4-91052209-8